# 水产综合标准体系
## 研究与探讨

石建高　房金岑　主编

中国农业出版社
农村读物出版社
北京

图书在版编目（CIP）数据

水产综合标准体系研究与探讨 / 石建高，房金岑主编 . —北京：中国农业出版社，2019.12
ISBN 978 - 7 - 109 - 26237 - 9

Ⅰ.①水…　Ⅱ.①石…②房…　Ⅲ.①水产养殖业－标准体系－研究－中国　Ⅳ.①S9

中国版本图书馆 CIP 数据核字（2019）第 268987 号

水产综合标准体系研究与探讨
SHUICHANZONGHE BIAOZHUN TIXI YANJIU YU TANTAO

中国农业出版社出版
地址：北京市朝阳区麦子店街 18 号楼
邮编：100125
责任编辑：杨晓改　胡烨芳
版式设计：王　晨　责任校对：吴丽婷
印刷：中农印务有限公司
版次：2019 年 12 月第 1 版
印次：2019 年 12 月北京第 1 次印刷
发行：新华书店北京发行所
开本：787mm×1092mm　1/16
印张：9.75
字数：280 千字
定价：68.00 元

# 编 写 人 员 名 单

主　　编：石建高　房金岑

副 主 编（按姓氏笔画排序）：

王　玮　李纯厚　张　岩　周瑞琼　韩　刚

参编人员（按姓氏笔画排序）：

方耀林　龙丽娜　刘　琪　刘永新　刘兴国

孙昭宁　李　强　来琦芳　肖雅元　吴姗姗

何　力　何雅静　张　林　张　涛　张元锐

张玉钢　张孝先　陈晓雪　罗相忠　罗晓松

周剑光　钟文珠　梁宏伟　潘　洋

# 前　言

标准是经济活动和社会发展的技术支撑，是国家治理体系和治理能力现代化的基础性制度。2015年3月，《国务院关于印发深化标准化工作改革方案的通知》（国发〔2015〕13号），要求着力解决标准体系不完善、管理体制不顺畅等问题，以加快构建新型标准化体系。《国务院办公厅关于印发国家标准化体系建设发展规划（2016—2020年）的通知》（国办发〔2015〕89号）中也明确提出了要推动实施标准化战略，加快完善标准化体系，提升我国标准化水平。

水产标准体系是水产标准化工作的基础，现行水产国家标准和行业标准有1 000多项，标准范围与内容涵盖了渔具及渔具材料、渔业资源养护和水产健康养殖等多个领域。水产标准是现代渔业的重要组成部分，因缺乏系统的标准体系研究，存在立项标准系统性、配套性不强，立项标准不准确，标准缺失严重等问题，标准对行业依法行政和产业健康发展的支撑作用难以体现，标准化的整体效能不高。所以，亟须围绕现代渔业的各项重要工作开展综合标准体系研究。

为贯彻落实国务院《深化标准化工作改革方案》的要求、更好地为渔业现代化建设提供标准化支撑服务、构建完善的水产综合标准体系、服务现代渔业绿色发展需求，中国水产科学研究院实施了院所基本业务费专项资金项目"我国水产综合标准体系研究"。项目重点围绕捕捞渔具准入等工作分别开展调研，了解各项工作在建设、管理中存在的主要问题、涉及的主要环节，明确标准化对象，针对各标准化对象分别研究提出标准体系框架。项目针对不同的标准化对象分别研究各标准化对象涉及的主要要素，对各项要素进行研究分析，确定哪些要素需要标准化，研究提出应有、已有以及还应制定的配套标准体系表。这不但为水产标准化管理部门制订标准制修订规划和年度制修订计划提供技术支撑，而且为相关科研团队提出标准研究方向，为科研项目立项管理提供技术支撑。

为了对水产标准化管理等提供技术支撑、更好地为现代渔业的绿色发展等提供标准化支撑服务，我们组织专家、学者、行业相关单位编写了《水产综合标准体系研究与探讨》一书。本书研究与探讨了我国水产综合标准体系，分为"我国水产综合标准体系初步研究""捕捞渔具准入配套标准体系研究""国家水产种质资源平台标准体系研究""水产新品种认定配套标准体系研究""三北地区典型盐碱水池塘养殖与生态修复技术系统标准体系研究""水产标准化池塘建设标准体系研究"6章。本书可供渔业管理部门、科技和教育部门、生产企业、协会以及社会其他各界人士阅读参考。

　　本书由石建高、房金岑主编，王玮、李纯厚、张岩、周瑞琼、韩刚副主编，方耀林等参与编写。全书由石建高进行统稿。本书由中国水产科学研究院、中国水产科学研究院东海水产研究所、中国水产科学研究院南海水产研究所、中国水产科学研究院长江水产研究所、中国水产科学研究院黄海水产研究所、中国水产科学研究院渔业机械仪器研究所、山东好运通网具科技股份有限公司等单位编写。中国水产科学研究院基本科研业务费专项课题等课题组成员在本书的撰写过程中给予了支持与帮助，在此表示感谢。本书在编写中参考了部分文献，编者将主要参考文献列出，在此对文献资料的作者表示由衷的感谢。

　　本书得到了中国水产科学研究院中央级公益性科研院所基本科研业务费专项资金项目（项目编号：2017JC02）、泰山英才领军人才项目"石墨烯复合改性绳索网具新材料的研发与产业化"、农业国家和行业标准制修订项目（项目计划序号为45）等的支持和帮助，在此表示感谢。本书还得到了国家自然基金项目（项目编号：31972844）、国家支撑项目（项目编号：2013BAD13B02）、湛江市海洋经济创新发展示范市建设项目（项目编号：湛海创2017C6A、湛海创2017C6B3）、广西创新驱动发展专项资金项目等的支持和帮助，在此也表示感谢。

　　本书是一部系统研究与探讨中国水产综合标准体系的重要著作，整体技术达到国际先进水平，部分技术（如水产综合标准体系构建原则、水产综合标准体系研究构建模式等）达到国际领先水平。期望本书的出版可以为政府管理部门的科学决策以及产、学、研、企、协等各界朋友提供借鉴，并为构建完善的水产综合标准体系发挥抛砖引玉的作用。本书为项目组、课题组人员集体智慧的结晶。由于编写时间有限，书中难免存在一些问题和不足，敬请批评指正。

编　者<br>2019 年 10 月

# 目　　录

# 第一章
# 我国水产综合标准体系初步研究

标准体系是一定范围内的标准按其内在联系形成的科学的有机整体。构建标准体系是运用系统论指导标准化工作的一种方法，它主要包括编制标准体系框架结构图与标准体系表、提供标准统计表、编写标准体系编制说明等。通过标准体系研究可形成标准体系表。标准体系表是包含一定范围内现有、应有和预计制定标准的蓝图，是一种标准体系模型，它是编制标准制修订规划和计划的依据。面对新的形势和要求，现行标准体系存在许多问题，主要体现在标准的系统性和配套性差；在解决具体标准化需求方面，标准的技术支撑作用并未体现，难以发挥标准化整体效能。面对标准化工作和标准体系建设存在的主要问题，近年国家加大了标准化改革的力度。2009 年，国家标准化管理委员会发布实施了《综合标准工作指南》（GB/T 12366—2009），把综合标准化作为标准化工作的重中之重来抓。综合标准化是"为达到确定的目标，运用系统分析方法，建立标准综合体并贯彻实施的标准化活动"，其本质是系统工程理论在标准化中的应用。政府主导制定的标准侧重于保基本，市场自主制定的标准侧重于提高竞争力。2015 年，《国务院关于印发深化标准化工作改革方案的通知》（国发〔2015〕13 号）提出"建立政府主导制定的标准与市场自主制定的标准协同发展、协调配套的新型标准体系"。为适应新型标准体系建设要求，满足现代渔业建设需求，水产综合标准体系研究项目选取捕捞渔具准入、国家水产种质资源平台建设、水产新品种认定测试、盐碱水综合养殖、水产标准化池塘建设等渔业渔政工作重点，依据《标准体系构建原则和要求》《综合标准工作指南》和国务院《深化标准化工作改革方案》要求，研究构建水产综合标准体系、探索解决水产标准体系配套性差且整体效能不高问题的新路子，以加快水产新型标准化体系建设，提升水产标准化整体水平。本章主要概述水产综合标准体系的研究现状，以及我国水产综合标准体系项目概况、研究过程、研究成果与创新性等内容，为构建完善的水产综合标准体系提供科学依据。

## 第一节　水产综合标准体系研究现状及其项目概况

水产标准体系是水产标准化工作的基础，水产行业标准体系表的编制始于 20 世纪 80 年代初，为指导水产行业标准化工作作出了重要贡献。截至 2018 年底，我国现行水产国家标准和行业标准已近千项，标准范围与内容涵盖了水产品养殖、捕捞、加工、渔业资源等多个领域。渔业绿色、高质量发展和转型发展，对渔业标准化工作提出了新的更高要求；一二三产业的高度融合和学科建设的不断细化，对标准体系建设提出了新的要求。本节主要概述水产综合标准体系的国内外研究现状、水产综合标准体系研究项目概况等内容。

## 一、国内研究现状

我国水产标准化工作起步于 20 世纪 70 年代，经过多年的建设和不懈努力，渔业系统建立了一支以全国水产标准化技术委员会及各分技术委员会为主体的专业设置合理、分工明确、素质较高的标准化技术工作队伍。根据工作需要，先后组建了淡水养殖、海水养殖、水产品加工、渔具及渔具材料、渔业机械仪器、观赏鱼、珍珠、资源等 8 个分技术委员会，以及水生动物防疫标准化工作组。一些省份还根据工作需要，成立了省级水产标准化技术委员会（如山东省水产标准化技术委员会等）。我国水产标准内容涉及渔业各专业、各环节，既有与养殖相关的环境、饲料、渔药、苗种、防疫标准和养殖技术规范，又有水产品质量安全和检测方法标准，还有与渔业基础设施、技术装备相关的渔业工程、渔具及渔具材料、渔业机械仪器和渔船标准。

我国水产行业标准体系表的编制始于 20 世纪 80 年代初。当时，国家水产总局转发了国家标准总局《关于编制标准体系表的初步意见》（国标发〔1981〕171 号），从此开始了我国水产行业标准体系表的编制工作。1991 年，《标准体系构建原则和要求》（GB/T 13016—1991）发布，按照该标准的要求，立足当时的渔业科技水平和渔业发展的需要，编制了水产行业及各专业标准体系表（草案）。2001 年，农业部渔业局又提出要继续修改和完善水产行业标准体系表。根据当时我国渔业科技水平和渔业发展需要，按照《标准体系构建原则和要求》有关规定，结合水产标准化工作发展现状，全国水产标准化技术委员会及各分技术委员会，在查阅大量国内外相关资料、广泛进行调查研究的基础上，听取多方意见，几经修改，于 2003 年 7 月完成了水产行业标准体系表（讨论稿）的编制工作。其后，每年全国水产标准化技术委员会都组织各专业对标准体系进行修改完善。虽然水产标准体系在水产标准化工作中发挥了重要作用、为渔业建设提供了重要支撑，但在解决行业管理重大事项和具体问题时，还难以发挥标准化整体效能，标准的技术支撑作用并未体现。产生上述问题的主要原因是，我国的《标准化法》是以工业标准化为主，农业标准是在工业标准化的带动下发展起来的，但农业标准化的对象与工业标准化对象有着本质上的区别。农业标准化对象是一些有生命的物体，其生长过程和管理过程与工业产品是不一样的，尤其是随着农业一二三产业高度融合，产业链越来越长，涉及环节多，管理要素多，靠单个标准或几个标准很难达到预期的效果，因此需要引入综合标准化的管理理念。

综合标准化是在标准化领域运用系统思想的一种重要的、比较成熟的方法。利用综合标准化理念，围绕具体的标准化需求，研究构建综合标准体系，是实现"系统管理、重点突破、整体提升"的有效途径。20 世纪 60 年代，苏联首先提出了"综合标准化"的概念，并大力实施，取得了很好的效果，得到了国际认可。20 世纪 80 年代综合标准化理念传入我国。1987 年，国家科学技术委员会给中国标准化综合研究所下达了"科技引导型项目——综合标准化"研究项目，旨在试点研究的基础上，制定一套国家标准，以便在全国推广。该项目试点，既有工业项目也有农业项目，既有种植业也有养殖业。在试点研究的基础上，1990 年，我国发布了《综合标准化工作导则 原则与方法》等综合标准化国家标准，但因各种原因综合标准化并未真正实施。20 年后，中国标准化研究院对几个综合标准化国家标准进行了修订。国家标准化管理委员会于 2009 年 5 月发布了《综合标准化工作指南》（GB/T 12366—2009），该标准于 2009 年 11 月正式实施，并加大了宣贯实施的力度。国家标准化管理委员会把实施综合标准化作为近年标准化工作的重点来抓。《综合标准化工作指南》和《标准体系构建原则和要求》为研究构建水产综合标准体系提供了依据。

研究构建水产综合标准体系也存在着一些亟待解决的问题：一是标准体系研究缺乏项目和经费支撑，难以开展深入、系统的研究，使得标准体系指导性差，难以真正指导每年的国家标准（以下简称国标）和行业标准（以下简称行标）立项，每年的国标、行标立项多以征集项目为主。二是在解决行业具体事项时，标准体系系统性、配套性不足，难以发挥整体效能；随着一二三产业的高度融合和学科建设的不断细化，很多标准化对象涉及的技术面广、产业链长，需要多个部门、多个学科共同参与研究，但目前因缺乏有效的协调机制，多部门、多学科难以形成合力，标准体系的系统研究只是一句空话。三是标准化管理与科研管理缺乏有效衔接机制，影响对标准体系研究的深入开展。标准化与科研长期处于平行管理模式，二者难以有效衔接，标准化管理人员对科研内容缺少深入了解，科研人员不懂标准化知识，在体系构建过程中，就会影响到对标准化对象涉及主要要素的分析，从而影响体系构建的效果。《国务院关于印发深化标准化工作改革方案的通知》（国发〔2015〕13 号）针对标准化工作中存在的主要问题，提出了标准化改革要使市场在资源配置中起决定性作用和更好发挥政府作用，着力解决标准体系不完善、管理体制不顺畅、与社会主义市场经济发展不适应问题，改革标准体系和标准化管理体制，改进标准制定工作机制等改革总体要求；建立了以国务院领导同志为召集人，各有关部门负责同志参与的标准化统筹协调机制。《国务院办公厅关于印发国家标准化体系建设发展规划（2016—2020 年）的通知》（国办发〔2015〕89 号）提出"落实创新驱动战略。加强标准与科技互动，将重要标准的研制列入国家科技计划支持范围，将标准作为相关科研项目的重要考核指标和专业技术资格评审的依据，应用科技报告制度促进科技成果向标准转化"。新《标准化法》第六条规定，"国务院建立标准化协调机制，统筹推进标准化重大改革，研究标准化重大政策，对跨部门跨领域、存在重大争议标准的制定和实施进行协调。"新《标准化法》第七条规定，"国家鼓励企业、社会团体和教育、科研机构等开展或者参与标准化工作。"新《标准化法》和国务院一系列有关标准化改革的法规文件，为标准化工作与科学工作衔接提供了政策法规保障，为探索标准管理与科研共同研究构建标准体系的新路子提供了依据。

## 二、水产综合标准体系研究项目概况

水产综合标准体系研究项目主要包括项目来源、项目研究的目的意义、项目研究内容与预期目标等内容。

### 1. 项目来源

水产综合标准体系研究源自中国水产科学研究院中央级公益性科研院所基本科研业务费专项资金项目"水产综合标准体系研究"（项目编号：2017JC02）；项目负责人为房金岑研究员；项目主持单位为中国水产科学研究院；项目起止日期为 2017 年 1~12 月；根据不同的研究方向等因素，该项目下设 6 个研究课题（表 1-1）。项目围绕捕捞渔具准入、国家水产种质资源平台建设、水产新品种认定、三北地区典型盐碱水池塘养殖与生态修复技术系统、水产标准化池塘建设等工作分别开展调研，了解各项工作在建设、管理中存在的主要问题、涉及的主要环节，明确标准化对象，围绕各标准化对象分别研究提出标准体系框架。同时，针对不同的标准化对象分别研究各标准化对象涉及的主要要素，对各项要素进行研究分析，确定哪些要素需要标准化，研究提出应有、已有以及还应制定的配套标准目录。

表 1-1 研究课题统计

| 课题编号 | 课题名称 |
| --- | --- |
| 2017JC0201 | 我国水产综合标准体系研究 |
| 2017JC0202 | 捕捞渔具准入配套标准体系研究 |
| 2017JC0203 | 国家水产种质资源平台标准体系研究 |
| 2017JC0204 | 水产新品种认定配套标准体系研究 |
| 2017JC0205 | 三北地区典型盐碱水池塘养殖与生态修复技术系统标准体系研究 |
| 2017JC0206 | 水产标准化池塘建设标准体系研究 |

**2. 项目研究的目的意义**

标准是经济活动和社会发展的技术支撑，是国家治理体系和治理能力现代化的基础性制度。《国务院关于印发深化标准化工作改革方案的通知》（国发〔2015〕13号）中要求着力解决标准体系不完善、管理体制不顺畅等问题，加快构建新型标准化体系。《国务院办公厅关于印发国家标准化体系建设发展规划（2016—2020年）的通知》（国办发〔2015〕89号）中也明确提出"推动实施标准化战略，加快完善标准化体系，提升我国标准化水平"。捕捞渔具准入、国家水产种质资源平台建设、水产新品种认定、三北地区典型盐碱水池塘养殖与生态修复技术系统、水产标准化池塘建设等是水生生物资源养护、水产种业以及水产健康养殖的重要组成部分。目前，因缺乏系统的标准体系研究，存在立项标准的系统性、配套性不强，立项标准不准确，标准缺失严重等问题，标准对行业依法行政和产业健康发展的支撑作用难以体现，标准化的整体效能不高。因此，为贯彻落实国务院《深化标准化工作改革方案》要求，更好地为渔业现代化建设提供标准化支撑服务，亟须围绕渔业现代化建设的各项重要工作开展综合标准体系研究。通过研究提出综合标准体系框架和配套标准体系表，为水产标准化管理制定标准制修订规划和年度制修订计划提供技术支撑，为相关科研团队提出研究方向，为科研项目立项管理提供技术支撑。

**3. 项目研究内容与预期目标**

（1）研究内容

项目研究内容如下：

• 捕捞渔具准入配套标准体系研究，围绕农业部捕捞渔具管理工作及准入目录制度建设，开展配套标准体系研究；

• 国家水产种质资源平台标准体系研究，围绕国家水产种质资源保种设施、管理、信息采集及共享信息平台建设等开展综合标准体系研究；

• 水产新品种认定配套标准体系研究，围绕目前水产新品种认定中存在的主要问题，分类研究，构建配套标准体系；

- 三北地区典型盐碱水池塘养殖与生态修复技术系统标准体系研究，围绕三北地区典型盐碱水池塘养殖与生态修复技术系统构建、水型检测与调控、宜养品种的培训、养成技术规范等开展标准体系研究，构建综合标准体系；
- 水产标准化池塘建设标准体系研究，围绕水产标准化池塘改造与建设开展配套标准体系研究。

（2）项目预期目标

渔业现代化建设对标准提出了更多需求，行业管理部门依法行政、产业转型升级等方面，都需要更多标准提供技术支撑，但由于科研管理与标准管理衔接协调机制不健全，标准体系缺乏系统研究，造成的标准体系系统性和配套性不强、立项标准不准确，标准化整体效能难以体现，一些科研成果不能通过及时转化为标准进行推广。针对以上问题，发挥中国水产科学研究院（以下简称水科院）在标准化管理方面的优势，由挂靠水科院的全国水产标准化技术委员会（以下简称水标委）的秘书处及相关分技委分别牵头，引领水科院相关科研团队，分别围绕捕捞渔具准入、国家水产种质资源平台建设、水产新品种认定、三北地区典型盐碱水池塘养殖与生态修复技术系统、水产标准化池塘建设等"十三五"渔业发展规划及行业管理关注的重点领域开展综合标准体系研究。通过系统研究，分别提出综合标准体系框架和配套标准体系表，为水产标准化管理制定标准制修订规划和年度制修订计划提供技术支撑，促进一批成熟科研成果加快转化为标准。同时，帮助水科院相关科研团队梳理出需进一步研究的方向，为科研项目立项管理提供技术支撑。

通过本项目研究，为水产标准化管理制订标准制修订规划和年度制修订计划提供技术支撑；探索水科院科研与标准结合的新路子，搭建起科研与标准沟通的桥梁，促进一批科研成果转化为标准，提高立项标准的科学性、系统性和配套性；培养一批既懂科研又熟悉标准化知识的专家队伍，同时，培养和提升标准化管理人员的管理能力。主要研究成果报告如下：

- 我国水产综合标准体系研究报告；
- 捕捞渔具准入配套标准体系研究报告；
- 国家水产种质资源平台标准体系研究报告；
- 水产新品种认定综合标准体系研究报告；
- 三北地区典型盐碱水水产养殖综合标准体系研究报告；
- 水产标准化池塘建设综合标准体系研究报告。

# 第二节　水产综合标准体系项目研究过程

本节主要概述水产综合标准体系研究项目开题论证与培训过程、标准体系表的编制依据及原则、标准体系表的编制流程等。

## 一、开题论证、培训

为确保水产综合标准体系研究项目的顺利实施，项目组组织召开了"水产综合标准体系研究项目"开题论证会，除相关专家及项目组人员参会以外，为促进科研管理与标准化工作结合，还特别邀请了中国水产科学研究院及院属各单位科研处的领导参加。项目组汇报了该项目的立项背景、研究目标、主要研究内容、研究思路与方法、研究进度安排、预期研究成果以及标准体系研究报告的基本框架等。会议对上述内容进行了研讨，通过研讨进一步明确了整个项目和各个课题各自的目标、研究内容、实施方案及进度安排，讨论确定了标准体系研究报告的基本框架。

在实施方案及进度安排方面，既明确了主要时间节点，也明确了各阶段需要完成的主要工作：

• 1~3月：明确任务分工，对研究团队进行标准化知识培训，讨论确定综合标准体系研究报告总体框架；

• 4~6月：走访调研，收集相关资料，包括相关法律法规、标准等，对收集资料进行汇总分析，确定标准化对象，绘制标准体系框架图；

• 7~9月：明确标准化对象，研究提出标准体系表，各课题分别对体系表组织公开征求意见或组织研讨；

• 10~12月：起草完成综合标准体系研究报告，项目组组织专家对各课题进行预验收，向项目下达单位提交项目验收材料。

为便于项目的统一管理和统计分析，对标准体系研究报告的框架结构及编写提出了统一要求，综合标准体系研究报告包括课题研究工作报告和技术报告。

工作报告按照中国水产科学研究院院级中央级公益性科研院所基本科研业务费专项资金项目要求编写，主要包括以下内容：

• 主要研究内容和预期目标；

• 研究成果与创新性，概括本项目的主要研究结论和基本观点，取得的重要研究成果；阐明本项目的特色和创新之处；

• 研究计划完成情况，对照项目任务书中的考核指标与预期成果是否按计划进行，对未按计划进行调整的内容进行必要说明；

• 项目实施效果，重点论述研究成果在技术储备、人才培养、国内外学术合作交流、学科建设及产业应用等方面的推动作用；

• 项目经费决算表；

• 成果目录表等。

技术报告参照《标准体系构建原则和要求》的有关要求主要包括以下内容：

• 编制体系表的依据及要达到的目标；

• 国内外标准概况；

• 结合统计表，分析现有标准与国际标准、国外标准的差距和薄弱环节，明确今后的主攻方向；

• 专业划分依据和划分情况；

• 与其他体系交叉情况和处理意见；

• 需要其他体系协调配套的意见；

• 其他。

标准体系研究需要标准化管理与相关科研团队密切合作，需要得到各相关方面的支持和参与。由于标准化管理与科研管理长期缺乏衔接机制，不仅部分科研人员对标准化知识了解不多，而且研究团队中部分刚参与标准化管理的人员也缺乏标准体系研究经验。为确保项目研究的顺利开展，促进标准管理与科研管理相结合，开题论证后，项目组开展了标准化及标准体系构建相关知识培训。培训取得了良好效果，为项目及课题的后续研究奠定了基础。培训主要包括以下内容：

- 水产标准化面临的形势、任务及要求；
- 国务院深化标准化工作改革方案；
- 国家标准、行业标准立项要求；
- 综合标准化工作指南；
- 科技成果转化为标准指南；
- 如何构建综合标准体系等。

## 二、标准体系表的编制依据及原则

水产综合标准体系研究参照《标准体系构建原则和要求》（GB/T 13016—2018）和《综合标准化工作指南》（GB/T 12366—2009）有关要求开展。在体系研究和构建过程中，既不能完全依据《标准体系构建原则和要求》的有关要求，也不能完全按照《综合标准化工作指南》的要求去做。因为在《标准体系构建原则和要求》中，标准体系的层次结构是按照全国、行业、专业划分（图1-1），而涉及多个行业产品时，按照行业、专业和产品划分（图1-2）。

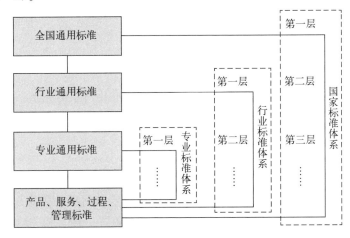

图1-1　标准体系的层次和级别关系

注：1. 国家标准、行业标准、团体标准、地方标准、企业标准，根据标准发布机构的权威性，代表着不同标准级别；全国通用、行业通用、专业通用、产品标准，根据标准适用的领域和范围，代表标准体系的不同层次。

2. 国家标准体系的范围涵盖跨行业全国通用综合性标准、行业范围通用的标准、专业范围通用的标准，以及产品标准、服务标准、过程标准和管理标准。

3. 行业标准体系，是由行业主管部门规划、建设并维护的标准体系，涵盖本行业范围通用的标准、本行业的细分一级专业（二级专业……）标准，以及产品标准、服务标准、过程标准和管理标准。

4. 团体标准是根据市场化机制由社会团体发布的标准，可能包括全国通用标准、行业通用标准、专业通用标准，以及产品标准、服务标准、过程标准或管理标准等，参见（GB/T 20004.1—2016《团体标准化　第1部分：良好行为指南》）。

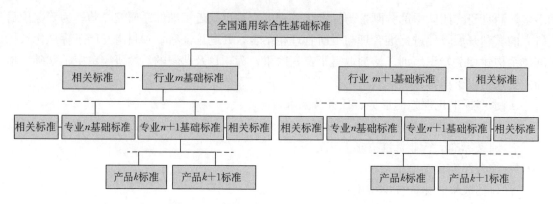

图 1-2　多行业产品的标准体系层次结构

注：1. 图内"专业 $n$ 基础标准"表示第 $m$ 个行业下的第 $n$ 个专业的基础标准。

2. 图中的产品 $k$ 标准，指第 $k$ 个产品（或服务）标准。

现行水产行业标准体系就是依据上述模式构建的，按专业领域分为淡水养殖、海水养殖、水产品加工、渔具和渔具材料、渔业机械仪器、渔业资源、观赏鱼、珍珠以及水生动物防疫等。各专业根据本领域管理和产业发展需求分别构建了标准体系，但在遇到行业管理具体事项需要标准化提供技术支撑时，将各相关专业标准组合在一起，会发现标准的配套性差，难以协同发挥作用，满足不了行业管理的需求。例如，渔业资源的捕捞管理，涉及渔业资源调查、允许捕捞量、捕捞渔具、捕捞作业方式以及捕捞机械设备等的管理，各专业虽然制定了一些标准，但标准系统性和配套性不足，难以满足捕捞监管的需要。为解决现行标准体系存在的问题，需要引入综合标准化的理念。综合标准化是为达到确定的目标，运用系统分析方法，建立标准综合体并贯彻实施的标准化活动。

**1. 综合标准化的特性**

（1）系统性

系统性是综合标准化的基本特性，它是以具体的标准化对象的完整系统为研究的起点和终点，通过系统分析和目标分解，准确掌握系统内各项具体问题的内在联系，以保证系统总体的整体最佳效果。

（2）目标性

开展综合标准化，必须有明确的目标，并通过标准综合体规划反映出来。综合标准化的目标同确定标准化对象的相关要素关系密切，即根据特定的目标，确定出必要的相关要素。同样的标准化对象，由于特定目标不同，则相关要素也就不一样。相关要素是根据目标来确定的，这一点在组织开展综合标准化时，应当充分注意。

（3）整体最佳性

这是推行综合标准化的基本要求，体现了综合标准化的优越性。所谓整体最佳性，就是在推行综合标准化时，主要考虑标准化对象系统的总效果，而不要求各相关要素单项指标最佳。按照系统工程学观点，单项最佳的综合不等于整体最佳。反过来说，整体最佳也不要求各相关要素都保持最佳状态。这样就为消除"功能过剩"现象提供了可能。

根据综合标准化特性，开展综合标准体的研究需要多个相关部门共同参与，要建立相应的协调机制。由于该项目研究时间短。经费不足，另外，项目组协调能力还不足以调动多个相关部门参与，因此，完全依据综合标准化的要求开展研究，条件还不具备。项目组成员主要还是以标准化管理人员为主，相关科研人员参与、配合。

鉴于上述原因，本项目在研究过程中，综合《标准体系构建原则和要求》和《综合标准化工作指南》的有关要求，结合水产标准化工作特点，努力探索水产综合标准体系构建方法，为今后开展水产综合标准体系研究探索一条新路。

**2. 水产综合标准体系构建原则**

（1）目标导向原则

以目标为导向构建标准体系。根据不同的目标，可以编制出不同的标准体系表，因此，研究构建标准体系应首先明确建立标准体系的目标。标准体系目标不宜过大，目标太大，涉及的相关要素、部门多，根据现有管理机制，协调有困难，标准体系目标很难实现。

在选择确定水产综合标准体系研究对象时，可根据农业农村部渔业渔政管理局的管理职责和工作要点，围绕其具体管理事项展开研究，如网具准入管理、海洋牧场建设与管理、大水面增养殖管理、稻渔综合种养等。

（2）系统协调的原则

围绕着标准体系的目标，标准体系表应全面配套。体系涉及的主要环节、要素，在分析时要系统、全面，要分清体系的边界。在分析确定体系内标准的同时，梳理与体系有关的相关标准，使体系内的标准与相关标准相协调。现行的水产行业标准体系中，已有许多通用基础标准，在围绕行业管理具体事项研究构建综合标准体系时，不能与现行的通用基础标准发生冲突，产生矛盾。在构建综合标准体系时，对多个标准涉及的共性特征应提取制定成共性标准，并将共性标准作为标准体系中的一个层次，放在特性标准之上。

（3）整体优化的原则

按照综合标准化整体最佳的特性，在建立水产综合标准体系时，主要考虑标准化对象系统的总效果，而不要求各相关要素单项指标最佳。综合考虑和系统分析各种相关要素，优化调整相关要素和具体指标参数，以系统整体效益最佳为目标，寻求构建水产综合标准体系的最佳方案。

## 三、标准体系表的编制流程

水产综合标准体系表的编制流程如下：

**1. 资料收集、分析，走访与调研，确定标准体系目标**

资料收集与分析、走访与调研是标准体系研究的前提。资料收集应包括相关的法律法规、部门规章、标准等规范性文件和国内外相关研究情况等。对收集到的资料进行研究分析，找出法律法规、部门规章等法规文件中需要标准支撑的点，只有法规文件中需要标准支撑，才有制定标准的必要。通过对相关管理部门进行走访、调研，了解研究对象涉及的主要活动或环节，需要借助标准解决的主要问题和要达到的目的等，为绘制标准体系流程图做好准备。而后，对收集到的资料和调研结果进行汇总分析，确定标准体系目标，必要时，对目标进行分解。

**2. 分析研究对象涉及的主要活动或环节，绘制标准体系流程图**

分析研究对象涉及的主要活动或环节、绘制流程图和要素分析是标准体系构建的基础。流程是否完整、要素分析是否全面、准确，直接影响到体系的系统性和完整性。在前期资料收集和调研基础上，分析研究对象涉及的主要活动或环节，绘制标准体系流程图。流程图要系统、全面，应涵盖研究对象的整个链条。如海洋牧场建设与管理，其主要目标是修复水域生态环境、养护海洋渔业资源。通过调研分析，围绕海洋牧场建设与管理的主要目标，需要经历选址与调查评估、设计与建设、管理以及效果评价四个主要环节，各个环节分别要解决能不能建、怎么建、建后怎么管以及是否达到预期的建设目标等问题，对每个环节可能涉及的主要活动进行细化，为下一步要素的分析做准备。通过调研分析绘制出海洋牧场建设与管理标准体系流程图，见图1-3。

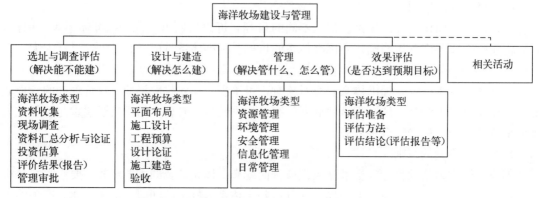

图1-3  海洋牧场建设与管理标准体系编制流程示意图

**3. 列出各活动或环节涉及的主要要素**

这一步要围绕拟达到的目的或拟解决的问题，详细分析要开展哪些工作，各项工作涉及哪些内容，也就是涉及的要素。为便于归纳分析，可以对相关要素进行列表归类。这一环节需要标准管理部门和相关科研团队密切配合，尤其是相关科研团队要给予足够的支撑。表1-2给出了海洋牧场选址与调查评估环节涉及的主要要素分析的示例。农业农村部渔业渔政管理局把海洋牧场分为养护型、增殖型和休闲型三类，在要素分析时，按海洋牧场类型分别列出相关要素，明确资料收集和现场调查重点。

表1-2  海洋牧场选址与调查评估环节涉及的主要要素

| 选址与调查评估 | | | |
|---|---|---|---|
| 海洋牧场类型 | 养护型 | 增殖型 | 休闲型 |
| 资料收集 | 气象、水文、资源状况等 | 气象、水文、资源状况等 | 气象、水文、资源状况等 |
| 现场调查 | 周边环境、配套设施、地质、生物资源等；调查方法 | 周边环境、配套设施、地质、生物资源等；调查方法 | 周边环境、配套设施、地质、生物资源等；调查方法 |
| 资料汇总分析与论证 | 论证方法 | 论证方法 | 论证方法 |
| 投资估算 | 估算方法、估算标准 | 估算方法、估算标准 | 估算方法、估算标准 |
| 评价结果（报告） | 判定原则、评价报告内容等 | 判定原则、评价报告内容等 | 判定原则、评价报告内容等 |
| 管理审批 | | | |

**4. 分析梳理需标准化的要素**

分析梳理需标准化的要素一定要围绕已确定的目的或目标。目标不同，涉及的标准化对象不同，要标准化的要素就不同。例如，海洋牧场选址与调查评估环节，其目标是先确定能不能建，再进一步确定应该建哪一类型的海洋牧场，以便为管理审批提供技术支撑。要达到这一目的，就要对资料收集的内容、现场调查内容及调查方法、资料汇总分析和论证方法、投资估算方法与标准、结果判定原则以及评价报告内容等进行规范。

**5. 对需标准化的要素进行归类，提取共性要素，对体系进行协调、优化**

这一步是标准体系建设的关键，它直接影响到标准体系的协调性和整体最佳性。首先，对需标准化的要素进行归类，提取共性要素，制定共性标准，再对特性要素制定特性标准。共性标准放在特性标准的上一层次，避免重复交叉。对有些需要标准化的要素，如果已有现成的标准，可将该标准作为相关标准直接引用，如方法类标准，以简化体系。对特性标准要分析其适用的范围，根据其适用范围确定其在体系中的位置。表1-3给出了海洋牧场建设与管理标准化对象示例。

表1-3 海洋牧场建设与管理标准化对象

| 海洋牧场类型 | | 选址与调查评估 | 设计与建造 | 管理 | 效果评估 |
|---|---|---|---|---|---|
| 养护型 | 河口养护型海洋牧场 | | | | |
| | 岛礁养护海洋牧场 | | | | |
| 增殖型 | 鱼类增殖型海洋牧场 | | | | |
| | 贝类增殖型海洋牧场 | | | | |
| 休闲型 | 休闲垂钓型海洋牧场 | | | | |
| | 渔业观光型海洋牧场 | | | | |

经过分析，如果各类型海洋牧场规范性内容基本相同，制定一个标准能满足所有海洋牧场建设与管理需求，可制定统一的《海洋牧场建设与管理规范》，标准可参照以下基本框架和规范性技术内容编写：

- 范围；
- 规范性引用文件；
- 术语和定义；
- 总则；
- 选址与调查评估；
- 设计与建造；
- 管理；
- 效果评估。

如果不同类型的海洋牧场既有选址与调查评估、设计与建造、管理和效果评估等环节需要标准化的共性内容，又有特性内容，可参照表1-4按类型制定系列标准，共性部分制定《海洋牧场建设与管理规范 总则》，特性部分按海洋牧场类型分别制定相应规范。

表1-4 海洋牧场按类型制定系列标准

| 序号 | 标准名称 |
|---|---|
| 1 | 海洋牧场建设与管理规范 总则 |
| 2 | 海洋牧场建设与管理规范 养护型 |
| 3 | 海洋牧场建设与管理规范 增殖型 |
| 4 | 海洋牧场建设与管理规范 休闲型 |
| …… | …… |

当按海洋牧场类型划分制定系列标准不能满足管理和建设需求，需要对各环节分别进行规范时，可参照表1-5按环节制定系列标准。采用哪种方式构建标准体系，都不能偏离构建标准体系的目标。这是一个系统的、复杂的梳理过程，需要反复推敲，不同的归类和分析方法可得出不同的标准体系。

表1-5　海洋牧场按环节制定系列标准

| 序号 | 标准名称 |
| --- | --- |
| 1 | 海洋牧场选址与调查评估规范 |
| 2 | 海洋牧场设计与建设规范 |
| 3 | 海洋牧场管理规范 |
| 4 | 海洋牧场效果评价规范 |
| …… | …… |

### 6. 汇总完成标准体系表和标准统计表

将分析得出的标准目录按层级列入表1-6标准体系表中，对各层级标准进行检查，看是否重复交叉，是否有同一标准列入了不同层级。同时，对标准目录进行查新，看是否与现有标准重复。在此基础上对整个标准体系需要制定的标准数量进行统计，提出应有、已有以及还需制定的标准数量，列入标准统计表1-7。

表1-6　标准体系表

| 序号 | 标准名称 | 标准代号 | 宜订级别 | 国际国外标准号及采用关系 | 被代替标准号或作废 | 备注 |
| --- | --- | --- | --- | --- | --- | --- |
| 1 | | | | | | |
| 2 | | | | | | |
| 3 | | | | | | |
| 4 | | | | | | |
| 5 | | | | | | |

表1-7　标准统计表

| 标准层级 | 应有数（个） | 现有数（个） | 现有数/应有数（%） |
| --- | --- | --- | --- |
| 国家标准 | | | |
| 行业标准 | | | |
| 地方标准 | | | |
| 团体标准或企业标准 | | | |
| 合计 | | | |

### 7. 编写标准体系编制说明

标准体系研究还应对研究过程进行记录和说明，即编写标准体系编制说明。编制说明应如实记录标准体系的编制过程，它是审查标准体系完备性的依据。标准体系编制说明一般包括以下内容：

- 编制体系表的依据及要达到的目标；
- 国内外标准概况；
- 结合标准统计表，分析现有标准与国际标准、国外标准的差距和薄弱环节，明确今后的主攻方向；
- 专业划分依据和划分情况；
- 与其他体系交叉情况和处理意见；
- 需要其他体系协调配套的意见；
- 其他。

# 第三节　我国水产综合标准体系研究成果、创新性及存在的主要问题

本节主要概述我国水产综合标准体系研究成果、创新性以及项目研究过程中存在的主要问题等内容。

## 一、项目研究成果

本项目围绕捕捞渔具准入、国家水产种质资源平台建设、水产新品种认定、三北地区典型盐碱水池塘养殖与生态修复技术系统、水产标准化池塘建设等研究对象，通过资料收集、走访和实地考察、召开研讨会等，分别绘制了标准体系框架，研究提出了配套标准体系表，起草完成了标准体系研究报告。通过研究取得的成果简介如下。

**1. 探索水产综合标准体系研究构建模式**

构建新型标准体系，解决标准缺失、滞后，标准交叉、重复、矛盾，标准体系不够合理等问题是标准化工作的重点。国家标准化管理委员会（以下简称国家标准委）把综合标准化作为近年标准化工作的重中之重来抓，国家标准委和农业农村部在标准立项时，鼓励相关单位围绕某一重点事项成套申报标准。因缺乏前期研究，致使成套制定标准难以实现，也影响了标准化的整体效能。由于，目前标准体系研究难以获得长期稳定的经费支持，标准化管理和科研管理机制还不健全，在标准体系研究中完全按《标准体系表编制原则和要求》（GB/T 13016）或《综合标准化工作指南》（GB/T 12366）的要求构建体系还难以实现，因此，在研究过程中，突出重点，缩小研究目标，与相关科研团队配合，以《标准体系表编制原则和要求》（GB/T 13016）和《综合标准化工作指南》（GB/T 12366）理论为指导，结合水产特点，在水产综合标准体系研究构建方面进行有益探索，确立了水产综合标准体系研究构建模式：

- 调研明确标准化需求；
- 研究讨论标准化需求涉及的主要活动或环节、节点，绘制标准体系框图；
- 研究讨论各项活动或环节包含的主要要素，分析梳理需要标准化的要素；
- 对需标准化的要素进行汇总分析，对照标准化目的确定标准主要内容、名称；

● 汇总形成标准体系表。

开展综合标准体系研究，调研了解标准化需求，找准切入点是体系研究能否顺利开展的前提和关键。只有找准切入点，体系研究才能得到相关方的支持，提出的标准才能明确给谁用，才更容易被立项。本项目所设课题涉及水产资源保护、水产种业建设、渔业调结构转方式和渔民增收等，这些需求是渔业"十三五"发展规划的重点任务，也是渔业渔政相关部门近年的工作要点。因此，在研究过程中得到了渔业渔政管理局和相关科研团队的大力支持，提出的一些有研究基础的相关标准得到了及时立项。研究确定标准化需求涉及的主要活动或环节，以及各项活动或环节包含的主要要素时，需要标准管理与相关科研团队进行密切合作。没有相关科研团队的配合，仅靠标准管理人员是无法完成表 1-8、表 1-9、表 1-10中的要素分析，后续研究工作就无法开展。本项目中，各课题按照这一模式开展综合标准体系研究，较好地完成了研究任务，证明了这一模式的合理性，在体系研究中积累了经验。现代渔业建设对标准化需求还很多，许多科研团队承担的重大科研项目中提出把标准研制作为研究内容，把形成标准作为考核目标。本项目研究成果可为相关科研团队开展标准研制提供帮助和指导。

表 1-8　水产新品种测试要素汇总对比表

| 种类 | 生长性能测试 | | | 抗病性能测试 | | | 备注 |
|---|---|---|---|---|---|---|---|
| | 供试品种种苗要求（质量、数量、保存方法） | 测试（养殖管理、分组、时间、地点、方法） | 判定方法 | 供试品种种苗要求（质量、数量、保存方法） | 测试（养殖管理、分组、时间、地点、方法） | 判定方法 | |
| 鱼类 | | | | | | | |
| 对虾类 | | | | | | | |
| 蟹类 | | | | | | | |
| 贝类 | | | | | | | |
| 海带 | | | | | | | |
| 紫菜 | | | | | | | |
| 大型藻 | | | | | | | |
| 微藻 | | | | | | | |
| 龟类 | | | | | | | |
| 鳖类 | | | | | | | |
| 蛙类 | | | | | | | |
| 海参 | | | | | | | |
| 海胆 | | | | | | | |
| 海蜇 | | | | | | | |
| 轮虫 | | | | | | | |

表 1-9　水产种质资源描述规范中不同品种描述要素汇总对比表

| 种类 | 基本信息 | 分类信息 | 保存信息 | 可数与可量性状 | 内部构造 | 生活与生长特性 | 繁殖特性 | 遗传学特性 | 肌肉营养成分与主要氨基酸组成 | 常见疾病 | 引进种 | 备注 |
|---|---|---|---|---|---|---|---|---|---|---|---|---|
| 鱼类 | | | | | | | | | | | | |
| 对虾类 | | | | | | | | | | | | |
| 蟹类 | | | | | | | | | | | | |
| 贝类 | | | | | | | | | | | | |
| 海带 | | | | | | | | | | | | |
| 紫菜 | | | | | | | | | | | | |
| 大型藻 | | | | | | | | | | | | |
| 微藻 | | | | | | | | | | | | |
| 龟类 | | | | | | | | | | | | |
| 鳖类 | | | | | | | | | | | | |
| 蛙类 | | | | | | | | | | | | |
| 海参 | | | | | | | | | | | | |
| 海胆 | | | | | | | | | | | | |
| 海蜇 | | | | | | | | | | | | |
| 轮虫 | | | | | | | | | | | | |

表 1-10　水产种质资源描述、收集、保存规范技术要素汇总对比表

| 种类 | 描述 | | | 收集 | | 保存 | | 备注 |
|---|---|---|---|---|---|---|---|---|
| | 基本信息 | 生物学特性 | 遗传特性 | 工作内容与程序 | 程序要求 | 工作内容与程序 | 程序要求 | |
| 鱼类 | | | | | | | | |
| 对虾类 | | | | | | | | |
| 蟹类 | | | | | | | | |
| 贝类 | | | | | | | | |
| 海带 | | | | | | | | |
| 紫菜 | | | | | | | | |
| 大型藻 | | | | | | | | |
| 微藻 | | | | | | | | |
| 龟类 | | | | | | | | |
| 鳖类 | | | | | | | | |
| 蛙类 | | | | | | | | |
| 海参 | | | | | | | | |
| 海胆 | | | | | | | | |
| 海蜇 | | | | | | | | |
| 轮虫 | | | | | | | | |

**2. 探索了标准与科研结合的新路子，促进了科研与标准的结合**

标准立项不准，系统性、配套性不强一直是困扰标准管理的难题，而科研成果难以转化为标准，也影响了科研成果的转化推广。究其原因是标准管理与科研管理缺乏有效的衔接机制。本项目在选题和立项时，就把促进标准与科研对接作为本项目完成的一项主要工作，每个课题由全国水产标准化技术委员会相关分技术委员会秘书处牵头，相关科研团队配合完成。研究过程中，根据标准化管理与科研管理现状，结合项目整体研究内容，对科研管理人员和项目组成员进行标准化知识培训，围绕"科研管理与标准化管理如何衔接"组织研讨交流，达成以下共识：

- 标准管理人员与科研人员共同开展标准体系研究，是促进标准管理与科研管理结合的有效途径，有利于标准项目储备；
- 在科研项目管理上，应引导重视标准，重大项目申报应增加标准研究内容，以项目带动标准质量提升；
- 建议相关管理部门要像引导专利发展一样，引导重视标准，出台统一指导意见；
- 目前标准与科研存在脱节的问题与宣贯不够有关，建议加强宣传。

通过培训研讨，提高了科研管理人员对标准化工作的认识，增强了项目组成员在标准体系研究方面的能力，促进了水科院科研管理与标准管理的结合，为项目下一步顺利开展搭好了桥梁。研究过程中，课题组与相关科研团队组织召开了10多次交流研讨会，标准管理人员负责提出标准体系构建思路与框架，相关科研团队在标准体系涉及的主要内容、环节及要素等方面给予技术支撑和帮助。

现代化渔业建设对标准化需求还很多，水科院各学科领域承担着很重大科研项目，本项目研究思路值得借鉴和推广，各科研项目在立项阶段吸收标委会人员参与，让标委会人员帮助相关科研团队围绕项目研究目的进行标准体系研究，有利于帮助相关科研团队厘清标准体系研制方向，少走弯路。

**3. 为科研提出了新的研究方向，促进了科研成果的及时转化，提高了立项标准的准确性**

经研究，各课题围绕各标准化需求对象提出了应制定、已制定及还需制定的标准目录，其中应制定标准271项、已制定标准39项、还需制定标准232项，详见水产综合标准体系标准汇总表（表1-11），标准目录详见各课题研究报告。

**表1-11  水产综合标准体系标准汇总表**

| 课题名称 | 应制定标准数（项） | 已制定标准数（项） | 还需制定标准数（项） | 备注 |
|---|---|---|---|---|
| 捕捞渔具准入配套标准体系研究 | 109 | 20 | 89 | |
| 国家水产种质资源平台建设 | 20 | 0 | 20 | |
| 水产新品种认定配套标准体系研究 | 73 | 15 | 58 | |
| 三北地区典型盐碱水池塘养殖与生态修复技术系统标准体系研究 | 48 | 1 | 47 | |
| 水产标准化池塘建设标准体系研究 | 21 | 3 | 18 | |
| 合计 | 271 | 39 | 232 | |

根据体系研究情况，各课题组帮助相关科研团队进行梳理，对还没有研究基础或研究不成熟的项目，建议申报相关科研项目进一步进行研究，对一些比较成熟的研究项目及时推荐纳入农业行业标准制修订指南，并指导相关科研团队申报立项，共有 10 项标准列入农业行业标准制修订指南（表 1-12），有 8 项正式获得农业行业标准立项。对已立项标准项目，从标准框架结构上给予研究指导，如《对虾新品种经济性状测定　生长速度》，不但帮助标准起草组高质量完成起草任务，也为后续同类标准的立项和起草提供了指南。与以往相比，本项目的实施不但帮助相关研究团队解决了应该起草什么标准的问题，同时，也指导他们在标准研究过程中应该研究什么的问题，立项标准的针对性大大提高，成熟科研成果得到了及时转化，为科研成果的广泛推广打下了基础。

表 1-12　水产综合标准体系研究项目推荐立项行标项目汇总表

| 序号 | 标准名称 | 承担单位 | 备　注 |
|---|---|---|---|
| 1 | 拖网渔具通用技术要求　第 1 部分：网衣 | 上海海洋大学 | 农财发〔2018〕46 号 |
| 2 | 拖网渔具通用技术要求　第 2 部分：属具 | 上海海洋大学 | 农财发〔2018〕46 号 |
| 3 | 对虾新品种经济性状测定　生长速度 | 中国水产科学研究院黄海水产研究所 | 农办质〔2016〕28 号；标准已审定 |
| 4 | 水产新品种生长性状测试　鱼类 | 中国水产科学研究院长江水产研究所 | 农办质〔2017〕25 号 |
| 5 | 水产种质资源描述规范 | 中国水产科学研究院长江水产研究所 | 农办质〔2018〕20 号 |
| 6 | 水产种质资源收集、整理和保存规范 | 中国水产科学研究院南海水产研究所 | 农办财〔2017〕62 号 |
| 7 | 氯化物型盐碱水质改良调控技术 | 中国水产科学研究院东海水产研究所 | 农办质〔2018〕20 号 |
| 8 | 水产养殖池塘建设技术规范 | 中国水产科学研究院渔业机械仪器研究所 | 农办质〔2018〕20 号 |
| 9 | 工厂化循环水养殖车间设计规范 | 中国水产科学研究院渔业机械仪器研究所 | 农办质〔2018〕20 号 |
| 10 | 生态化水产养殖小区构建与管理技术规范 | 中国水产科学研究院渔业机械仪器研究所 | 农办财〔2017〕62 号 |

## 二、创新性

本项目具有以下创新性：一是利用综合标准化理念，围绕各标准化对象进行系统研究，结合具体问题及拟达到的目标提出配套标准目录，改变过去单一制定标准，标准系统性、配套性不强的问题，增强了标准化的综合效益；二是本项目在组织方式上，由标准管理部门与水科院相关科研团队密切配合，共同完成，改变了过去标准管理与科研脱节的问题。通过本项目研究，帮助相关科研团队将多项科研成果转化为标准，并有多项标准项目被推荐纳入了2018 年农业行业标准制修订计划，同时，帮助相关科研团队厘清了研究方向。为标准管理和科研管理进行有效衔接，促进科研成果转化进行了有益探索。

## 三、存在的主要问题

标准体系研究与完善是一项长期的、基础性的科研活动，需要得到各相关管理部门的长期支持，仅靠水科院一个项目支持还远远不够。一方面，由于该项目研究时间短、经费不足，有些调研和研讨还不够深入，影响标准体系建设的质量。另一方面，由于标准管理与科研管理衔接机制不健全，有些科研团队参与的积极性不高，在标准化对象涉及要素分析时，分析不够全面，影响了体系构建的系统性和完整性。要改变存在的主要问题，还需提高各相关管理部门和科研团队对标准化管理和标准体系研究重要性的认识，加大标准化技术委员会在标准体系研究方面的支持力度。同时，完善科研管理与标准管理相结合的机制，在重大科研项目中设立标准体系研究课题。

# 第二章

# 捕捞渔具准入配套标准体系研究

渔业是人类最古老的生产行业之一，而渔具是渔业的基本组成部分。中国是渔业大国，年产量位居世界第一。2018 年，中国水产品总量为 6 457.66 万 t，其中，捕捞产量高达 1 466.60 万 t，远洋捕捞产量为 225.75 万 t，这为满足国民的食物需求作出了重要贡献。然而，近年来捕捞能力过大等问题日益突出，导致近海渔业资源过度开发，必须通过准入制度等法律法规来加强渔业管理，以实现我国近海渔业资源的合理利用。本章主要概述捕捞渔具标准情况及其准入配套标准体系研究课题、捕捞渔具准入配套标准体系表，并对捕捞渔具准入配套标准体系进行初步分析研究与讨论。

## 第一节　捕捞渔具标准情况及其准入配套标准体系研究课题

本节主要概述国内外捕捞渔具标准情况、捕捞渔具准入配套标准体系研究的必要性及其研究课题等内容。

### 一、国内外捕捞渔具标准情况

#### 1. 国内相关标准情况

在水域（包括内陆和海洋）中直接捕捞水产经济动物的工具统称为渔具。传统渔具主要包括刺网、围网、拖网、张网、钓具、耙刺、陷阱、笼壶、地拉网、敷网、抄网和掩罩等，现代渔业的发展赋予了渔具新的内涵，现有渔具概念已经突破传统渔具的范畴。直接用来装备成渔具的材料叫渔具材料，主要包括网线、网片、绳索、浮子和沉子以及其他属具材料。从 20 世纪 80 年代至今，国家标准委、农业农村部、水标委、渔具及渔具材料产学研单位及相关人员、全国水产化标准化技术委员会渔具及渔具材料标准化分技术委员会（以下简称渔具及渔具材料分技委）及其秘书处等为我国渔具及渔具材料标准体系表的制修订与完善做了大量工作，为我国渔具及渔具材料标准化工作作出了贡献。渔具及渔具材料专业标准体系表的编制起始于 20 世纪 80 年代初期。遵照《关于编制标准体系表的初步意见》（国标发〔1981〕071 号）精神，渔具及渔具材料分技委在分析汇总国内外有关本专业标准的基础上，广泛征求有关专业人员意见，并结合"六五"计划，第一次编制了渔具及渔具材料标准体系表（草案）。1981 年，国家水产总局和渔具及渔具材料分技委两次召开会议讨论体系表（草案)。1982 年，国家水产总局又先后组织召开了两次水产标准体系表（草案）修改讨论会，并形成了渔具及渔具材料标准体系表（第一版）。1985 年和 1989 年项目组又两次对体系表分别进行了修订。1991 年 6 月，农业部水产司召开水产标准化技术归口办座谈会，根据形势发展需要和"八五"计划精神，会上作出了水产标准体系表应予修订的决定。渔具及渔具材料分技委遵照会议精神，结合标准的清理整顿工作，对水产标准体系表进行了再次修订。1999 年 6 月和 9 月，农业部渔业局和水标委在北京两次召开会议，布置各分技委修订标准体系表。根据这两次会议上的要求，渔具及渔具材料分技委两次召集委员，讨论渔具及渔具材料标准体系表（1991 版）。在广泛征求委员们意见的基础上，渔具及渔具材料标准化分技委秘书处按照《标准体系表编制原则和要求》（GB/T 13019—1991）中的规定，于 2002 年 1 月形成渔具及渔具材料标准体系表（2002 版）；按照《标准体系表编制原则和要求》（GB/T 13016—2009）的规定，渔具及渔具材料标准化分技委秘书处于 2015 年起草了渔具及渔具材料标准体系表（2015 版），即目前在用的渔具及渔具材料标准体系表。2016 年，为贯彻《国务院关于印发深化标准化工作改革方案的通知》（国发〔2015〕13 号）和《国务院办公厅关于印发强制性标准整合精简评估方法的通知》（国办发〔2016〕3 号）精神，抓好《国家标准化体系建设发展规划（2016—2020 年）》（国办发〔2015〕89 号）的落实，按照 2016 年全国标准化工作总体要求，渔具及渔具材料分技委按照国家标准委要求，启动了推荐性国家标准、行业标准的复审工作和推荐性国家标准计划、行业标准计划的清理工作。本课题组对渔具标准进行了清理。清理结果表明，截至 2019 年 11 月底，我国现行有效渔具相关标准共22 项，其中国家标准 5 项，水产行业标准 17 项；强制性标准 3 项，推荐性标准 19 项（表 2-1）。

表 2-1 渔具现行标准一览表

| 序号 | 标准号 | 标准名称 | 级别 |
|---|---|---|---|
| 1 | GB/T 5147—2003 | 渔具分类、命名及代号 | 推荐性 |
| 2 | GB 11779—2005 | 东海、黄海区拖网网囊最小网目尺寸 | 强制性 |
| 3 | GB 11780—2005 | 南海区拖网网囊最小网目尺寸 | 强制性 |
| 4 | GB/T 6963—2006 | 渔具与渔具材料量、单位及符号 | 推荐性 |
| 5 | GB/T 6964—2010 | 渔网网目尺寸测量方法 | 推荐性 |
| 6 | SC/T 4001—1995 | 渔具基本术语 | 推荐性 |
| 7 | SC/T 4002—1995 | 渔具制图 | 推荐性 |
| 8 | SC/T 4003—2000 | 主要渔具制作 网衣缩结 | 推荐性 |
| 9 | SC/T 4004—2000 | 主要渔具制作 网片剪裁和计算 | 推荐性 |
| 10 | SC/T 4005—2000 | 主要渔具制作 网片缝合与装配 | 推荐性 |
| 11 | SC/T 4007—1987 | 2.3 m² 双叶片椭圆形网板 | 推荐性 |
| 12 | SC/T 40014—2016 | 刺网最小网目尺寸 银鲳 | 推荐性 |
| 13 | SC/T 4011—1995 | 拖网模型水池试验方法 | 推荐性 |
| 14 | SC/T 4012—1995 | 双船底拖网渔具装配方法 | 推荐性 |

（续）

| 序号 | 标准号 | 标准名称 | 级别 |
|------|--------|----------|------|
| 15 | SC 4013—1995 | 有翼张网网囊最小网目尺寸 | 强制性 |
| 16 | SC/T 4015—2002 | 柔鱼钓钩 | 推荐性 |
| 17 | SC/T 4016—2003 | 2.5 m² 椭圆形曲面开缝网板 | 推荐性 |
| 18 | SC/T 4026—2016 | 刺网最小网目尺寸　小黄鱼 | 推荐性 |
| 19 | SC/T 4029—2016 | 东海区虾拖网网囊最小网目尺寸 | 推荐性 |
| 20 | SC/T 5033—2006 | 2.5 m² V 型网板 | 推荐性 |
| 21 | SC/T 4050.1—2019 | 拖网渔具通用技术要求　第 1 部分：网衣 | 推荐性 |
| 21 | SC/T 4050.2—2019 | 拖网渔具通用技术要求　第 2 部分：浮子 | 推荐性 |

**2. 国内海洋捕捞渔具分类汇总**

渔业是人类最古老的生产行业之一，而渔具是渔业的基本组成部分。对渔具的准确定义和分类是开展渔业科学研究与交流、制定和执行渔业管理措施的前提和基础。国内外有关渔具分类的历史沿革证明了渔具的分类应适应渔业生产的持续发展和渔业管理的实际需要。捕捞业在中国有着悠久的发展历史，可谓源远流长，从对大量出土文物的研究可知，中国捕鱼始于 1.8 万年前的山顶洞人时期，那时人们除了采集植物和猎取野兽外，还在附近的池沼里捕捞鱼类。在旧石器时代中晚期，处于原始社会早期的人类就在居住地附近的水域中捞取鱼、贝类等水生生物，以此作为维持生活的重要手段。10 万年前，山西汾河流域的"丁村人"，已开始捕捞生产。距今 4 000～10 000 年的新石器时代，人类的捕鱼技术有了相当的发展，捕鱼工具有骨制的鱼镖、鱼叉和鱼钩等，有的钓钩还具有倒刺，西安半坡出土的钓钩制作精巧、相当锋利，可与现代钓钩相媲美。用网捕鱼的记载见于《易经·系辞下》"作结绳而为网罟，以佃以渔"，说明当时已经使用渔网捕鱼。距今 7 000 年前，居住在今浙江余姚的河姆渡人，已经使用船到开阔的水面捕鱼。5 000 年前，居住在今山东胶州的三里河人，已经以捕捞海鱼为生。夏文化遗址出土的渔具有制作较精的骨鱼镖、骨鱼钩和网坠，《竹书纪年》说夏王"狩于海，获大鱼"，表明海上捕鱼当时是受重视的一项生产活动。周代捕鱼工具已趋多样化，有钓具、笱、罩、罾等，可归纳为网渔具、钓渔具和杂渔具三大类。还创造了一种渔法，将柴木置于水中，诱鱼栖息其间，围而捕取。即为后世人工鱼礁的雏形。同时，周代开始对捕鱼实行管理，为保护鱼类的繁殖生长，规定了禁渔期。一年之中，春季、秋季和冬季为捕鱼季节；因夏季鱼类繁殖，所以禁止在夏季进行捕捞；对破坏水产资源的渔具渔法，同样也作了限制。周文王时的《逸周传》中记载"不夯泽"，即不能竭泽而渔、不能滥捕。到春秋时代，随着冶铁业的发展，开始使用铁质鱼钩钓鱼，铁质鱼钩的出现推动了钓鱼业的发展。秦、汉、南北朝、唐、宋、明等朝代的有关书籍中都有对渔业捕捞的描述，如《岳阳风土记》记载延绳钓、《辽史·太宗本纪》记载冰下捕鱼、《齐东野语》记录刺网捕鱼。唐代陆龟蒙在《渔具咏》中详细描述和区分了当时的渔具、渔法。明代的《三才图会》将渔具分为网、罾、钓、竹器四大类，很多渔具沿用至今。《直省府志》记载，明代已使用滚钩捕鱼。宋朝邵雍（公元 1122 年）在其《渔樵问对》文中，对竿钓渔具作了完整的叙述。至于灯火诱鱼、音响驱鱼等渔法，也散见于历代文献中。但在中华人民共和国成立之前，渔业生产和科技进展缓慢，渔具分类研究工作尚未开展。通常在渔业专业书籍中，将渔具分为镖（铦）猎、钓具、拖具、爬具、网具5类。其中，钓具又分竿钓、手钓、延绳钓、曳绳钓4小类；网具又分为抄网、掩网、刺网、敷网、旋网、建网、拖曳网7小类。中华人民共和国成立后，有关部门先后在沿海省市的重点渔区做了调查，1958—1959年，对全国海洋渔船、渔具进行了普查，1962年以后，又对内陆水域的渔具、渔法进行了调查。先后出版了《中国海洋渔具调查报告》和《长江流域渔具渔法调查报告》，把我国的海洋渔具分为部、类、小类、种，即先将海洋渔具分为网渔具、钓渔具、猎捕渔具和杂渔具4个部，而后，在网渔具和钓渔具中，分别列出8个网具类和4个钓具类，大多数类又分为若干小类，最后是种。这个分类系统统一了我国的渔具分类方法，并分别延续至《渔具分类、命名及代号》（GB/T 5147—1985）、《渔具分类、命名及代号》（GB/T 5147—2003）的颁布。

国际上有很多有关渔具渔法的分类方法，其中比较有代表性的有德国的A.V.勃拉思特（Brandt）渔具分类法、苏联学者A.H.脱莱晓夫（Толэншов）渔具分类法、FAO渔具统计分类法（以下简称ISSCFG标准）和中国渔具分类法。勃拉思特认为渔具分类的主要依据是捕鱼原理和历史发展，把欧洲渔具分为13类，即无渔具捕鱼、投刺渔具、麻痹式渔具、钓渔具、陷阱、框张网、拖曳渔具、旋曳网、围网、敷网、掩网、刺网、流网。脱莱晓夫主要根据渔具的结构和作业原理，将现有渔具分为5大类，即自动捕鱼渔具、滤过性渔具、陷阱类渔具、刺缠类渔具和伤害性渔具。FAO的ISSCFG标准将所有渔具分为14个大类，即围网、地拉网、拖网、耙网、敷网、掩罩、刺网、钓具、陷阱、抓刺伤害、机械渔具、杂渔具、休闲渔具和未定义。国际标准每一大类还可分为若干小类。由于ISSCFG标准是FAO的建议，而不是一项决定，同时一些国家均有自成体系的分类系统等原因，因此，上述分类系统未能被全世界统一采用。2015年，张健、金宇峰和石建高等学者在《海洋渔业》期刊上联合撰文《对我国渔具分类标准的探讨》，文章指出，随着渔业科学技术日益发展、学术交流日益频繁以及全国渔具准入标准制订和实施工作不断推进，我国现有的渔具分类国家标准《渔具分类、命名及代号》（GB/T 5147—2003）在对渔具的具体分类上存在的一些问题也逐渐显现。文中通过对比我国渔具分类国家标准和FAO渔具统计分类ISSCFG标准（表2-2），分析了两个标准在渔具分类的定位、渔具具体分类等方面的区别和联系，并结合作者在教学、科研实践活动中所遇到的我国渔具国家标准在"类""型""式"方面可能欠缺完整性、灵活性、适应性、区分缺乏统一依据等问题，提出了对我国现有渔具分类国家标准进行修订等建议，使我国渔具分类国家标准可以更好地适应渔业生产的持续发展和渔业管理的实际需要，维护渔具分类国家标准的权威性，并使各项渔业管理工作具有统一的标准。

自2009年起，农业部展开了全国渔具渔法专项调查和海洋捕捞渔具目录编制工作，初步完成了《全国海洋捕捞渔具目录》。2013年，农业部委托中国水产科学研究院东海水产研究所（以下简称东海所）携相关单位，陆续开展了对农业部公布的禁用渔具、过渡渔具和准用渔具的调查工作，并于2017年8月在福建厦门会议上形成最新的《全国海洋捕捞渔具目录》汇总表（修订稿）。在最新的《全国海洋捕捞渔具目录》汇总表（修订稿）中将全部84种海洋捕捞渔具分成准用（30种）、禁用（13种）和过渡（41种）三大类，并分别设定了最小网目尺寸、渔具规格、携带数量等相应限制条件。其中，13种禁用渔具参见表2-3、30种准用渔具参见表2-4、41种过渡渔具参见表2-5。

## 表 2 - 2 渔具分类国家标准和 ISSCFG 标准的比较

| 国家标准 | | | ISSCFG 标准 | | |
|---|---|---|---|---|---|
| 类 | 型 | 式 | 大类 | 具体分类 | |
| 围网 | 有囊、无囊 | 单船、双船、多船 | 围网 | 有括纲 | 单船、双船 |
| | | | | 无括纲 | |
| | | | | 船布 | 丹麦、苏格兰拉网、双船 |
| | | | | 地拉网* | |
| 拖网 | 单囊、多囊等8个 | 单船、双船、多船 | 拖网 | 底层 | 桁拖网、网板拖网等6种 |
| | | | | 中层 | 网板、双船拖网等4种 |
| | | | | 网板双联 | |
| | | | | 网板拖网* | |
| | | | | 双船拖网* | |
| | | | | 其他* | |
| 刺网 | 单片、框格等6个 | 定置、漂流、包围、拖曳 | 刺网 | 锚定刺网、漂流、围刺网、桩定刺网、三重刺网、单/三重混合刺网、刺缠网*、刺网* | |
| 钓具 | 真饵单钩、真饵复钩等6个 | 曳绳、垂钓、定置延绳、漂流延绳 | 钓具 | 手钓、机钓、定置延绳、漂流延绳、延绳钓*、曳绳钓、钓具* | |
| 陷阱 | 插网、建网、箔筌 | 拦截、导陷 | 陷阱 | 定置建网、笼壶、张网、壁垒（堰、围栏）、弗克网、水上陷阱、陷阱* | |
| 笼壶 | 倒须、洞穴 | 漂流、定置延绳、散布 | | | |
| 张网 | 单片、桁杆等6个 | 单桩、双桩等8个 | | | |
| 耙刺 | 滚钩、柄钩等8个 | 拖曳、投射等6个 | 抓刺伤害 | 刺叉 | |
| | | | 耙网 | 船耙、手耙 | |
| 杂渔具 | 敷网 | 撑架、箕状 | 插杆、拦河等5个 | 敷网 | 手提、船敷、近岸定置敷网和敷网* |
| | 抄网 | 兜状 | 推移 | — | — |
| | 掩罩 | 掩网、罩架 | 撑开、扣罩等4个 | 掩罩 | 撒网、掩罩渔具* |
| | 地拉网 | 单囊、多囊等6个 | 抛撒、穿冰、船布 | 地拉网 | 岸边 |
| | | | | | 船布 | 丹麦、苏格兰拉网、双船 |
| | | | | | 地拉网* |
| — | | | 机械渔具 | 泵、机械耙网、机械设备* | |
| — | | | 杂渔具 | — | |
| — | | | 休闲渔具 | | |
| — | | | 未定义 | — | |

注：＊表示非特定。

表 2 - 3　禁用渔具目录

| 序　　号 | 分　　类 | 渔具分类名称 |
|---|---|---|
| JY - 01 | 拖网 | 双船多囊拖网 |
| JY - 02 | 耙刺 | 拖曳泵吸耙刺 |
| JY - 03 | 耙刺 | 拖曳柄钩耙刺 |
| JY - 04 | 耙刺 | 拖曳水冲齿耙耙刺 |
| JY - 05 | 陷阱 | 拦截插网陷阱 |
| JY - 06 | 陷阱 | 导陷插网陷阱 |
| JY - 07 | 陷阱 | 导陷箔筌陷阱 |
| JY - 08 | 陷阱 | 拦截箔筌陷阱 |
| JY - 09 | 杂渔具 | 漂流延绳束状敷网 |
| JY - 10 | 杂渔具 | 船布有翼单囊地拉网 |
| JY - 11 | 杂渔具 | 船布无囊地拉网 |
| JY - 12 | 杂渔具 | 抛撒无囊地拉网 |
| JY - 13 | 耙刺 | 拖曳束网耙刺 |

表 2 - 4　准用渔具目录

| 序　　号 | 分　　类 | 渔具分类名称 |
|---|---|---|
| ZY - 01 | 刺网 | 定置单片刺网 |
| ZY - 02 | 刺网 | 漂流单片刺网 |
| ZY - 03 | 刺网 | 漂流无下纲刺网 |
| ZY - 04 | 围网 | 单船无囊围网 |
| ZY - 05 | 围网 | 双船无囊围网 |
| ZY - 06 | 围网 | 双船有囊围网 |
| ZY - 07 | 钓具 | 定置延绳真饵单钩钓 |
| ZY - 08 | 钓具 | 漂流延绳真饵单钩钓 |
| ZY - 09 | 钓具 | 垂钓真饵单钩钓 |
| ZY - 10 | 钓具 | 垂钓真饵复钩钓 |
| ZY - 11 | 钓具 | 曳绳拟饵单钩钓 |
| ZY - 12 | 钓具 | 垂钓拟饵复钩钓 |
| ZY - 13 | 钓具 | 漂流延绳拟饵复钩钓 |
| ZY - 14 | 耙刺 | 钩刺齿耙耙刺 |
| ZY - 15 | 耙刺 | 定置延绳滚钩耙刺 |
| ZY - 16 | 耙刺 | 投射箭铦刺 |
| ZY - 17 | 耙刺 | 投射叉刺耙刺 |
| ZY - 18 | 耙刺 | 钩刺柄钩耙刺 |
| ZY - 19 | 耙刺 | 铲耙刨耙耙刺 |
| ZY - 20 | 笼壶 | 漂流延绳弹夹笼 |
| ZY - 21 | 笼壶 | 定置延绳洞穴壶 |

（续）

| 序　号 | 分　类 | 渔具分类名称 |
|---|---|---|
| ZY-22 | 笼壶 | 定置延绳倒须笼 |
| ZY-23 | 笼壶 | 散布倒须笼 |
| ZY-24 | 杂渔具 | 船敷箕状敷网 |
| ZY-25 | 杂渔具 | 船敷撑架敷网 |
| ZY-26 | 杂渔具 | 手敷撑架敷网 |
| ZY-27 | 杂渔具 | 推移兜状抄网 |
| ZY-28 | 杂渔具 | 舀取兜状抄网 |
| ZY-29 | 杂渔具 | 抛撒掩网掩罩 |
| ZY-30 | 杂渔具 | 撑开掩网掩罩 |

### 表 2-5　过渡渔具目录

| 序　号 | 分　类 | 渔具分类名称 |
|---|---|---|
| GD-01 | 刺网 | 定置双重刺网 |
| GD-02 | 刺网 | 漂流双重刺网 |
| GD-03 | 刺网 | 定置三重刺网 |
| GD-04 | 刺网 | 漂流三重刺网 |
| GD-05 | 刺网 | 框格刺网 |
| GD-06 | 围网 | 单船有囊围网 |
| GD-07 | 围网 | 手操无囊围网 |
| GD-08 | 拖网 | 单船框架拖网 |
| GD-09 | 拖网 | 单船多囊拖网 |
| GD-10 | 拖网 | 单船有袖单囊拖网 |
| GD-11 | 拖网 | 双船有袖单囊拖网 |
| GD-12 | 拖网 | 单船桁杆拖网 |
| GD-13 | 张网 | 双锚单片张网 |
| GD-14 | 张网 | 多锚单片张网 |
| GD-15 | 张网 | 多桩竖杆张网 |
| GD-16 | 张网 | 樯张张纲张网 |
| GD-17 | 张网 | 樯张有翼单囊张网 |
| GD-18 | 张网 | 双锚竖杆张网 |
| GD-19 | 张网 | 并列张纲张网 |
| GD-20 | 张网 | 单锚框架张网 |
| GD-21 | 张网 | 单锚张纲张网 |
| GD-22 | 张网 | 单锚桁杆张网 |
| GD-23 | 张网 | 双桩张纲张网 |

（续）

| 序　号 | 分　类 | 渔具分类名称 |
|---|---|---|
| GD-24 | 张网 | 船张框架张网 |
| GD-25 | 张网 | 船张竖杆张网 |
| GD-26 | 张网 | 双锚张纲张网 |
| GD-27 | 张网 | 双锚有翼单囊张网 |
| GD-28 | 张网 | 多锚框架张网 |
| GD-29 | 张网 | 多锚桁杆张网 |
| GD-30 | 张网 | 多锚有翼单囊张网 |
| GD-31 | 张网 | 单桩框架张网 |
| GD-32 | 张网 | 单桩桁杆张网 |
| GD-33 | 张网 | 双桩有翼单囊张网 |
| GD-34 | 张网 | 双桩竖杆张网 |
| GD-35 | 张网 | 樯张竖杆张网 |
| GD-36 | 耙刺 | 拖曳齿耙耙刺 |
| GD-37 | 耙刺 | 铲耙锹铲耙刺 |
| GD-38 | 陷阱 | 导陷建网陷阱 |
| GD-39 | 笼壶 | 定置串联倒须笼 |
| GD-40 | 杂渔具 | 岸敷撑架敷网 |
| GD-41 | 杂渔具 | 漂流多层帘式敷具 |

**3. 国际和中国台湾地区相关标准情况**

截至 2017 年 12 月底，渔具及渔具材料分技委对国际和中国台湾地区现行渔具标准进行了查询和整理，其中 ISO 标准 9 项，欧盟标准 1 项，欧洲标准 2 项，英国国家标准 7 项，德国国家标准 4 项，法国国家标准 13 项，意大利国家标准 3 项，韩国国家标准 4 项，日本国家工业标准 1 项，中国台湾地区标准 1 项，合计 45 项（表 2-6）。除 2 项日本工业国家标准和中国台湾地区标准外，其余 49 项标准均为专业通用基础标准。通用技术标准和产品个性标准严重缺乏。今后我们将继续对现行渔具标准进行跟踪。

表 2-6　渔具国际和中国台湾地区现行标准一览表

| 序号 | 标准号 | 标准名称 | 级别 |
|---|---|---|---|
| 1 | ISO 1107—2003 | Fishing nets—Netting—Basic terms and definitions　渔网　网片　基本术语和定义 | 国际标准 |
| 2 | ISO 1531—1973 | Fishing nets—Hanging of netting—Basic terms and definitions　渔网　网片的缩结　基本术语和定义 | 国际标准 |
| 3 | ISO 3660—1976 | Fishing nets—Mounting and joining of netting—Terms and illustrations　渔网　网片的缝合和装配　术语和图示说明 | 国际标准 |
| 4 | ISO 16663—1—2009 | Fishing nets—Method of test for the determination of mesh size—Part 1：Opening of mesh　渔网　测定网目尺寸的试验方法　第 1 部分：网目开口 | 国际标准 |

（续）

| 序号 | 标准号 | 标准名称 | 级别 |
|---|---|---|---|
| 5 | ISO 16663—2—2003 | Fishing nets—Method of test for the determination of mesh size—Part 2：Length of mesh　渔网　测定网目尺寸的试验方法　第2部分：网目长度 | 国际标准 |
| 6 | ISO 164814—2015 | Marine finfish farms—Open net cage—Design and operation　长须鲸海水养殖场　开放式网箱　设计和操作 | 国际标准 |
| 7 | ISO 8514—1973 | Fishing nets—Designation of netting yarns in the tex system　渔网　用tex制表示网线的方法 | 国际标准 |
| 8 | ISO 1530—2003 | Fishing nets—Description and designation of knotted netting　渔网　打结网片的描述和标识 | 国际标准 |
| 9 | ISO 1532—1973 | Fishing nets—Cutting knotted netting to shape（tapering）渔网　打结网片的剪裁成形 | 国际标准 |
| 10 | EU/EC NO 356/2005—2005 | COMMISSION REGULATION laying down detailed rules for the marking and identification of passive fishing gear and beam trawls　欧盟委员会关于为被动捕鱼设备和桁曳网的标识和识别制定详细规则的条例 | 欧盟标准 |
| 11 | EN ISO 16663—1—2009 | Fishing nets—Method of test for the determination of mesh size—Part 1：Opening of mesh　渔网　测定网目尺寸的试验方法　第1部分：网目开口 | 欧洲标准 |
| 12 | EN ISO 16663—2—2003 | Fishing nets—Method of test for the determination of mesh size—Part 2：Length of mesh　渔网　测定网目尺寸的试验方法　第2部分：网目长度 | 欧洲标准 |
| 13 | BS 4763—1971（R2016） | Methods for cutting knotted netting to shape（tapering）结网裁剪成形（锥形）方法 | 英国国家标准 |
| 14 | BS 4763—1971（R2011） | Methods for cutting knotted netting to shape（tapering）结网裁剪成形（锥形）方法 | 英国国家标准 |
| 15 | BS 53914—1976（R2016） | Classification of methods for mounting and joining of fishing nets　渔网安装与连接法分类 | 英国国家标准 |
| 16 | BS 53914—1976（R2011） | Classification of methods for mounting and joining of fishing nets　渔网安装与连接法分类 | 英国国家标准 |
| 17 | BS ISO 164814—2015 | Marine finfish farms—Open net cage—Design and operation　长须鲸海水养殖场　开放式网箱　设计和操作 | 英国国家标准 |
| 18 | BS EN ISO 1107—2003 | Fishing nets—Netting—Basic terms and definitions　渔网　网片　基本术语和定义（替代BS 4440：1974） | 英国国家标准 |
| 19 | BS EN ISO 1530—2003 | Fishing nets—Description and designation of knotted netting　渔网　打结网片的描述和标识（替代BS 5172：1975） | 英国国家标准 |

（续）

| 序号 | 标准号 | 标准名称 | 级别 |
|---|---|---|---|
| 20 | DIN EN ISO 1107—2003 | Fishing nets—Netting—Basic terms and definitions　渔网　网片　基本术语和定义 | 德国国家标准 |
| 21 | DIN EN ISO 1530—2003 | Fishing nets—Description and designation of knotted netting　渔网　打结网片的描述和标识 | 德国国家标准 |
| 22 | DIN EN ISO 16633—2—2003 | Fishing nets—Method of test for the determination of mesh size—Part 2：Length of mesh　渔网　测定网目尺寸的试验方法　第2部分：网目长度 | 德国国家标准 |
| 23 | DIN EN ISO 16663—1—2009 | Fishing nets—Method of test for the determination of mesh size—Part 1：Opening of mesh　渔网　测定网目尺寸的试验方法　第1部分：网目开口 | 德国国家标准 |
| 24 | NF G36—100—1969（R2009） | Netting yarns for fishing nets—Designation in the tex system　渔网　用tex制表示网线的方法 | 法国国家标准 |
| 25 | NF G36—101—2004 | Fishing nets—Netting—Basic terms and definitions　渔网　网片　基本术语和定义 | 法国国家标准 |
| 26 | NF G36—102—1969 | Fishing nets—Hanging of netting—basic terms　渔网　网片的缩结　基本术语 | 法国国家标准 |
| 27 | NF G36—103—2003 | Fishing nets—Description and designation of knotted netting　渔网　打结网片的描述和标识 | 法国国家标准 |
| 28 | NF G36—104—1972（R2012） | Fishing nets—Cutting knotted netting to shape—Cutting types and cutting rate—Various kinds of cutting　渔网　渔网用打结网片的剪裁　剪裁的型式和方法　渔网的形式和选用 | 法国国家标准 |
| 29 | NF G36—105—1974（R2009） | Mounting and joining of netting for fishing—Terms and definitions—Illustration　渔网的装配和连接　基本术语和定义　插图 | 法国国家标准 |
| 30 | NF G36—106—1974（R2009） | Fishing nets—Drawing—General directives　渔网　图形　一般规则 | 法国国家标准 |
| 31 | NF G36—154—1—2009 | Fishing nets—Method of test for the determination of mesh size—Part 1：opening of mesh　渔网　测定网眼尺寸的试验方法　第1部分：网目开口 | 法国国家标准 |
| 32 | NF G36—154—2—2004 | Fishing nets—Method of test for the determination of mesh size—Part 2：length of mesh　渔网　测定网目尺寸的试验方法　第2部分：网目长度 | 法国国家标准 |
| 33 | NF EN ISO 1107—2004 | Fishing nets—Netting—Basic terms and definitions　渔网　网片基本术语和定义 | 法国国家标准 |
| 34 | NF EN ISO 1530—2003 | Fishing nets—Description and designation of knotted netting　渔网　打结网片的描述和标识 | 法国国家标准 |

（续）

| 序号 | 标准号 | 标准名称 | 级别 |
|---|---|---|---|
| 35 | NF EN ISO 16663—1—2009 | Fishing nets—Method of test for the determination of mesh size—Part 1：opening of mesh 渔网 测定网目尺寸的试验方法 第 1 部分：网目开口 | 法国国家标准 |
| 36 | NF EN ISO 16663—2—2004 | Fishing nets—Method of test for the determination of mesh size—Part 2：length of mesh 渔网 测定网目尺寸的试验方法 第 2 部分：网目长度 | 法国国家标准 |
| 37 | UNI EN ISO 16663—1—2009 | Fishing nets—Method of test for the determination of mesh size—Part 1：Opening of mesh 渔网 测定网目尺寸的试验方法 网目开口 | 意大利国家标准 |
| 38 | UNI EN ISO 16663—2—2003 | Fishing nets—Method of test for the determination of mesh size—Length of mesh 渔网 测定网目尺寸的试验方法 网目长度 | 意大利国家标准 |
| 39 | UNI 8286—1981 | Sea fishing gears—Terms and definitions. 渔具 术语和定义 | 意大利国家标准 |
| 40 | KS KISO 8514—2007 | Fishing nets—Designation of netting yarns in the tex system 渔网 用 tex 制表示网线的方法 | 韩国国家标准 |
| 41 | KS KISO 1530—2007 | Fishing nets—Description and designation of knotted netting 渔网 打结网片的描述和标识 | 韩国国家标准 |
| 42 | KS KISO 1532—2007 | Fishing nets—Cutting knotted netting to shape（tapering） 渔网 打结网片的剪裁成形 | 韩国国家标准 |
| 43 | KS KISO 3660—2007 | Fishing nets—Mounting and joining of netting—Terms and illustrations 渔网 网片的缝合和装配 术语和图示说明 | 韩国国家标准 |
| 44 | JIS S 7001—1994 | Fishing hooks 钓鱼钩 | 日本国家工业标准 |
| 45 | CNS 10515—1998 | 钓鱼钩 | 中国台湾地区标准 |

# 二、捕捞渔具准入配套标准体系研究的必要性及其研究课题

## 1. 标准体系研究的必要性

自 1987 年开始，我国对全国海洋捕捞渔船船数和功率数实行总量控制制度（简称"双控"制度）。2003 年经国务院批准，农业部制定了《关于 2003—2010 年海洋捕捞渔船控制制度实施意见》，经过各级渔业行政主管部门和执法机构的共同努力，海洋捕捞渔船"双控"制度实施成效显著。尽管存在一些问题，但总体上起到了一定的控制准入效果，准入观点在沿海渔区和广大渔民群众中初步建立。准入制度（the limited entry system）是一个很笼统的概念，在本课题中表示政府对某特定渔业采取发放一定数量捕捞许可证或捕捞配额的办

法，控制参加捕捞生产渔船的数量或捕捞渔获量，以便养护和利用渔业资源。准入制度通过实现渔业资源由自由利用转向有限利用、由自由竞争转向有序利用，进而实现渔业的可持续健康发展。捕捞生产的准入是进行海洋渔业资源有效管理的必要条件。自 20 世纪 70 年代末，我国以《水产资源繁殖保护条例》为起点，开始在我国海洋捕捞业中引入许可准入制度，其后逐渐形成了以《渔业法》等法律为基础，国务院行政法规、地方条例、农业部规章等为组成部分的捕捞准入体系，内容涉及渔船、渔具和作业时间等各个方面。实施以来，在我国渔区形成了一种准入的思想意识，改变了自由入渔的状况，限制了捕捞努力量的盲目扩大，为未来渔业管理打下了良好的基础。但是，目前我国渔具标准严重缺乏、捕捞准入制度还不健全，亟须进一步完善。为此，我们必须抓紧研究捕捞渔具准入配套标准体系、制修订并完善准入捕捞渔具标准，实现准入制度有渔具标准可依，助力我国捕捞渔具准入制度的实施。标准化是捕捞渔具管理的重要手段，编制捕捞渔具准入配套标准体系表有利于进一步健全和完善捕捞渔具管理的体制、机制、政策和措施，编制捕捞渔具准入配套标准体系表十分必要。

相较于产业发展和执法监管的迫切需要，渔具标准体系建设较为滞后。标准数量方面，经查询，截至 2019 年 11 月底，我国现行有效渔具相关标准 22 项，其中国家标准 5 项，水产行业标准 17 项；强制性标准 3 项，推荐性标准 19 项。这 22 项标准中，最早的标准是 1987 年制定，已经有 30 多年未修订，可见我国渔具标准工作的滞后性和紧迫性。为加强渔具渔法管理、保护渔业资源，农业部于 2003 年发布了《关于实施海洋捕捞网具最小网目尺寸制度的通告》，并于 2004 年 6 月 1 日起实施。由于当时规定的渔具类型较少而渔具更新换代太快等原因，自 2009 年起，农业部陆续开展了全国渔具渔法专项调查和海洋捕捞渔具目录编制工作，并于 2017 年初步完成了《全国海洋捕捞渔具目录》汇总表（修订稿）。该目录将全部 84 种海洋捕捞渔具分成准用（30 种）、禁用（13 种）和过渡（41 种）三大类，并分别设定了最小网目尺寸、渔具规格、携带数量等相应限制条件。2013 年，农业部出台了《关于实施海洋捕捞准用渔具和过渡渔具最小网目尺寸制度的通告》和《关于禁止使用双船单片多囊拖网等十三种渔具的通告》，分别从 2014 年 6 月 1 日和 2014 年 1 月 1 日起正式实施。2019 年，东海所开展了国家科技基础条件平台建设运行项目"2019 年渔业诚信管理体系建设及渔具鉴定"，在农业农村部渔业渔政管理局的指导下，郭云峰、石建高和程家骅等开展了海洋捕捞渔具准入鉴定技术规范的编写工作，这有助于我国海洋捕捞渔具鉴定工作的管理。由于长期以来，我国渔具管理工作一直存在科研基础薄弱、经费投入不足等困难和问题，造成《全国海洋捕捞渔具目录》汇总表（修订稿）中大量过渡渔具研究滞后，目前对外发布的条件还不成熟，下一步还要从经费保障、科研支撑、学科设置等多个方面加大支持力度，争取使其尽早更新，进一步规范渔具管理。

**2. 捕捞渔具准入配套标准体系研究课题简介**

（1）课题研究来源

捕捞渔具准入配套标准体系研究源自中国水产科学研究院基本科研业务费专项课题"捕捞渔具准入配套标准体系研究"（课题编号：2017JC0202）；课题负责人为石建高研究员；课题主持单位为中国水产科学研究院东海水产研究所；课题起止日期为 2017 年 1 月～12 月。本课题围绕捕捞渔具管理及准入目录制度建设工作，开展捕捞渔具调研分析，了解捕捞渔具管理中存在的主要问题、涉及的主要技术环节和主要要素，编制捕捞渔具准入配套标准体系框架，构建捕捞渔具准入配套标准体系表，形成捕捞渔具准入配套标准体系。

（2）课题研究过程

① 编制捕捞渔具准入标准体系框架涉及的主要活动或环节

（a）我国捕捞渔具准入管理资料和国内外捕捞渔具相关标准的收集

课题实施以来，课题组收集整理了国内外有关渔具管理标准、法律法规等的宣传手册或教材专著（如《全国海洋捕捞准用渔具和过渡渔具最小网目尺寸制度》《禁用渔具目录》《海洋渔业技术学》《渔具渔法选择性》《灯光围网》《中国海洋渔具调查和区划》《远洋金枪鱼渔业》《2017 中国渔业统计年鉴》《2016 中国渔业统计年鉴》《中国农业标准汇编  渔具与渔具材料卷》《中国远洋捕捞手册》《南海区海洋渔具渔法》《渔具与渔法学》《东海区海洋捕捞渔具渔法与管理》《海洋捕捞手册》《南海区海洋小型渔具渔法》《远洋渔业》《渔具材料与工艺学》《东海区渔业资源及其可持续利用》《中国海洋渔具图集》《海洋开发与管理读本》《福建省海洋渔具图册》等）、科技文献（如宋辅华、张健、汤振明、柴秀芳、滕永堃、唐建业、朴正根等人公开发表的渔具渔法标准或管理法规相关的科技文献）。通过各类文献的收集整理，课题组对捕捞渔具管理现状有了进一步的理解和认识。

（b）我国捕捞渔具类型的现场调研

课题实施以来，课题组赴山东、浙江、福建、广东、海南和江苏等地调研我国捕捞渔具类型及其管理现状。调研结果表明，由于捕捞对象、作业方式等不同，捕捞渔具的种类和型式繁多；又由于地区、习惯等关系，性质相同或相似的渔具，其名称也各异。根据《2016 中国渔业统计年鉴》，2015 年中国海洋捕捞产量（不含远洋）为 1 314.78 万 t，比上年增加 33.94 万 t，增长 2.65%。其中，鱼类产量 905.37 万 t，比上年增加 24.58 万 t，增长 2.79%；甲壳类产量 242.79 万 t，比上年增加 3.22 万 t，增长 1.34%；贝类产量 55.60 万 t，比上年增加 0.44 万 t，增长 0.79%；藻类产量 2.58 万 t，比上年增加 0.15 万 t，增长 6.22%；头足类产量 69.98 万 t，比上年增加 2.31 万 t、增长 3.42%。捕捞产量中带鱼产量最高，为 110.57 万 t，占鱼类产量的 12.21%；其次为鳀，产量为 95.58 万 t，占鱼类产量的 10.56%。2015 年远洋渔业产量为 219.20 万 t，比上年增加 16.47 万 t、增长 8.12%。根据《2017 中国渔业统计年鉴》，2016 年中国海洋捕捞产量（不含远洋）为 1 328.27 万 t，比上年增加 13.49 万 t，增长 1.03%。其中，鱼类产量 918.52 万 t，比上年增加 13.15 万 t、增长 1.45%；甲壳类产量 239.64 万 t，比上年减少 3.15 万 t、降低 1.30%；贝类产量 56.13 万 t，比上年增加 0.53 万 t，增长 0.95%；藻类产量 2.39 万 t，比上年减少 0.19 万 t、降低 7.36%；头足类产量 71.56 万 t，比上年增加 1.58 万 t、增长 2.26%。海洋捕捞产量中带鱼产量最高，为 108.72 万 t，占鱼类产量的 11.84%；其次为鳀，产量为 98.37 万 t，占鱼类产量的 10.71%。2016 年远洋渔业产量为 198.75 万 t，比上年减少 20.45 万 t、降低 9.33%。根据《2018 中国渔业统计年鉴》，2017 年中国海洋捕捞产量（不含远洋）1 112.42 万 t，比上年减少 215.85 万 t、降低 16.25%。其中，鱼类产量 765.22 万 t，比上年减少 153.30 万 t、降低 16.69%；甲壳类产量 207.60 万 t，比上年减少 32.04 万 t、降低 13.37%；贝类产量 44.29 万 t，比上年减少 11.84 万 t、降低 21.09%；藻类产量 2.00 万 t，比上年减少 0.39 万 t、降低 16.32%；头足类产量 61.66 万 t，比上年减少 9.90 万 t、降低 13.83%。海洋捕捞产量中带鱼产量最高，为 101.23 万 t，占鱼类产量的 13.23%；其次为鳀，产量为 70.37 万 t，占鱼类产量的 9.20%。2017 年远洋渔业产量为 208.627 万 t，同比增长 4.97％。根据《2019 中国渔业统计年鉴》，2018 年中国海洋捕捞产量（不含远洋）1 044.46 万 t，比上年减少 67.96 万 t、降低 6.11％。其中，鱼类产量 716.23 万 t，比上年减少 48.99 万 t、降低 6.40％；甲壳类产量 197.95 万 t，比上年减少 9.65 万 t、降低 4.65％；贝类产量 43.04 万 t，比上年减少 1.25 万 t、降低 2.82％；藻类产量 1.83 万 t，比上年减少 0.17 万 t、降低 8.50％；头足类产量 56.99 万 t，比上年减少 4.67 万 t、降低 7.57％。海洋捕捞产量中带鱼产量最高，为 93.94 万 t，占鱼类产量的 8.990％；其次为鳀，产量为 65.84 万 t，占鱼类产量的 6.30％。2018 年远洋渔业产量为 225.75 万 t，同比增长 8.21％。部分年份中国海洋捕捞产量、中国各地区海洋捕捞产量（按捕捞渔具分）和中国各地区海洋捕捞产量（按捕捞海域分）见表 2-7 至表 2-9。

表 2-7 中国海洋捕捞产量（部分年份）

单位：t

| 指　　标 | | 2015 年 | 2014 年 | 2015 年比 2014 年增减（±） |
|---|---|---|---|---|
| 合计 | | 13 147 811 | 12 808 371 | 339 440 |
| 按捕捞海域分 | 渤海 | 1 039 627 | 1 023 741 | 15 886 |
| | 黄海 | 3 350 841 | 3 315 958 | 34 883 |
| | 东海 | 4 999 644 | 4 898 709 | 100 935 |
| | 南海 | 3 757 699 | 3 569 963 | 187 736 |
| 按捕捞渔具分 | 拖网 | 6 208 928 | 6 118 041 | 90 887 |
| | 围网 | 1 036 603 | 1 015 444 | 21 159 |
| | 刺网 | 2 950 556 | 2 865 252 | 85 304 |
| | 张网 | 1 585 462 | 1 596 455 | −10 993 |
| | 钓具 | 401 546 | 384 343 | 17 203 |
| | 其他渔具 | 964 716 | 828 836 | 135 880 |
| 指　　标 | | 2018 年 | 2017 年 | 2018 年比 2017 年增减（±） |
| 合计 | | 10 444 647 | 11 124 203 | −679 556 |
| 按捕捞海域分 | 渤海 | 790 300 | 698 002 | 92 298 |
| | 黄海 | 2 385 959 | 2 529 459 | −143 500 |
| | 东海 | 4 172 797 | 4 513 623 | −340 826 |
| | 南海 | 3 095 591 | 3 383 119 | −287 528 |
| 按捕捞渔具分 | 拖网 | 4 887 102 | 5 355 104 | −468 002 |
| | 围网 | 931 291 | 927 676 | 3 615 |
| | 刺网 | 2 280 103 | 2 420 958 | −140 855 |
| | 张网 | 1 220 525 | 1 286 275 | −65 750 |
| | 钓具 | 369 058 | 332 304 | 36 754 |
| | 其他渔具 | 756 568 | 801 886 | −45 318 |

表 2-8　2015 年和 2018 年中国各地区海洋捕捞产量（按捕捞渔具分）

单位：t

| 地区 | 海洋捕捞产量 | 2015 年中国各地区海洋捕捞产量（按捕捞渔具分） | | | | | |
|---|---|---|---|---|---|---|---|
| | | 拖网 | 围网 | 刺网 | 张网 | 钓具 | 其他 |
| 全国总计 | 13 147 811 | 6 208 928 | 1 036 603 | 2 950 556 | 1 585 462 | 401 546 | 964 716 |
| 天津 | 47 094 | 35 932 | 1 040 | 8 558 | 265 | | 1 299 |
| 河北 | 250 447 | 65 427 | 2021 | 115 235 | 47 761 | 70 | 19 933 |
| 辽宁 | 1 107 857 | 450 072 | | 471 035 | 95 362 | 20 813 | 70 575 |
| 上海 | 16 997 | 14 237 | | 1 010 | 1 750 | | |
| 江苏 | 554 314 | 74 543 | 4 649 | 162 697 | 224 350 | 226 | 87 849 |
| 浙江 | 3 366 966 | 2039 172 | 195 112 | 296 116 | 646 924 | 33 418 | 156 224 |
| 福建 | 2 003 917 | 770 590 | 294 549 | 304 760 | 347 101 | 43 927 | 242 990 |
| 山东 | 2 282 340 | 1 389 331 | 32082 | 396 586 | 180 360 | 77 683 | 206 298 |
| 广东 | 1 505 126 | 762 357 | 146 104 | 442 469 | 7 662 | 89 358 | 57 176 |
| 广西 | 652028 | 425 367 | 60 445 | 84 709 | 184 | 7 308 | 74 015 |
| 海南 | 1 360 725 | 181900 | 300 601 | 667 381 | 33 743 | 128 743 | 48 357 |

| 地区 | 海洋捕捞产量 | 2018 年中国各地区海洋捕捞产量（按捕捞渔具分） | | | | | |
|---|---|---|---|---|---|---|---|
| | | 拖网 | 围网 | 刺网 | 张网 | 钓具 | 其他 |
| 全国总计 | 10 444 647 | 4 887 102 | 931 291 | 2 280 103 | 1 220 525 | 369 058 | 756 568 |
| 天津 | 27 002 | 17 536 | 3 375 | 5 333 | 137 | | 621 |
| 河北 | 212 348 | 52 560 | 1 880 | 87 872 | 43 870 | | 26 166 |
| 辽宁 | 524 394 | 184 604 | 5 953 | 238 966 | 37 322 | 12 243 | 45 306 |
| 上海 | 13 739 | 12073 | | 700 | 966 | | |
| 江苏 | 475 170 | 65 339 | 4 344 | 147 170 | 183 308 | 257 | 74 752 |
| 浙江 | 2 873 946 | 1 632 432 | 217 991 | 321 656 | 515 893 | 37 599 | 148 375 |
| 福建 | 1 701 208 | 655 186 | 269 311 | 257 144 | 285 301 | 49 451 | 184 815 |
| 山东 | 1 702 291 | 1 118 877 | 22 988 | 327 046 | 112 206 | 13 438 | 107 736 |
| 广东 | 1 271 603 | 609 243 | 130 573 | 361 118 | 8 210 | 106 134 | 56 325 |
| 广西 | 559 066 | 366 861 | 51 474 | 71 646 | 155 | 6 308 | 62 622 |
| 海南 | 1 083 880 | 172 391 | 223 402 | 461 452 | 33 157 | 143 628 | 49 850 |

表 2-9 2015 年和 2018 年中国各地区海洋捕捞产量（按捕捞海域分）

单位：t

| 地区 | 海洋捕捞产量 | 2015 年中国各地区海洋捕捞产量（按捕捞海域分） | | | |
| --- | --- | --- | --- | --- | --- |
| | | 渤海 | 黄海 | 东海 | 南海 |
| 全国总计 | 13 147 811 | 1 039 627 | 3 350 841 | 4 999 644 | 3 757 699 |
| 天津 | 47 094 | 10 433 | 36 661 | | |
| 河北 | 250 447 | 194 349 | 56 098 | | |
| 辽宁 | 1 107 857 | 437 826 | 648 188 | 21 843 | |
| 上海 | 16 997 | | | 16 997 | |
| 江苏 | 554 314 | 461 | 493 177 | 60 676 | |
| 浙江 | 3 366 966 | | 230 935 | 3 109 699 | 26 332 |
| 福建 | 2 003 917 | | | 1 790 429 | 213 488 |
| 山东 | 2 282 340 | 396 558 | 1 885 782 | | |
| 广东 | 1 505 126 | | | | 1 505 126 |
| 广西 | 652 028 | | | | 652028 |
| 海南 | 1 360 725 | | | | 1 360 725 |
| 地区 | 海洋捕捞产量 | 2018 年中国各地区海洋捕捞产量（按捕捞海域分） | | | |
| | | 渤海 | 黄海 | 东海 | 南海 |
| 全国总计 | 10 444 647 | 790 300 | 2 385 959 | 4 172 797 | 3 095 591 |
| 天津 | 27 002 | 5 193 | 21 809 | | |
| 河北 | 212 348 | 163 548 | 48 800 | | |
| 辽宁 | 524 394 | 201 695 | 316 654 | 6 054 | |
| 上海 | 13 739 | | | 13 739 | |
| 江苏 | 475 170 | 413 | 422 778 | 51 529 | 450 |
| 浙江 | 2 873 946 | 138 114 | 154 973 | 2 567 972 | 12 887 |
| 福建 | 1 701 208 | | | 1 513 021 | 188 187 |
| 山东 | 1 702 291 | 281 337 | 1 420 954 | | |
| 广东 | 1 271 603 | | | 20 482 | 1 251 121 |
| 广西 | 559 066 | | | | 559 066 |
| 海南 | 1 083 880 | | | | 1 083 880 |

从 2015 年中国渔具捕捞产量来看，我国国内捕捞渔具主要为拖网、围网、刺网、张网、钓具 5 大类，5 大类渔具占捕捞总产量的 92.7%。因此，合理调整、优化和管理上述 5 大类

渔具对保护我国海洋渔业资源十分重要。海洋渔业资源管理是国家为维护海洋渔业资源的再生产能力和取得最适渔获量而采取的各项措施和方法。维护海洋渔业资源的再生产能力是指维持经济水生生物基本的生态过程、生命维持系统和遗传的多样性，其目的是为保证人类对生态系统和生物物种的最大限度的持续利用，使天然水域能为人类长久地提供大量经济水生生物。海洋渔业资源管理措施和方法包括：规定禁用渔具、渔法；限制网目尺寸；规定禁渔区、禁渔期或保护区；控制渔获物最小体长；限制捕捞力量；限制渔获量等（其中，前四项主要是保护经济水生生物幼体和亲体，以利繁殖活动的正常进行，是定性的初级管理手段；后两项主要控制捕捞死亡量，是定量性的高级管理手段）。

（c）对捕捞渔具准入配套标准的分析研究

在水域（包括内陆和海洋）中直接捕捞水产经济动物的工具则统称为渔具。传统渔具主要包括刺网、围网、拖网、张网、钓具、耙刺、陷阱、笼壶、地拉网、敷网、抄网和掩罩等，现代渔业的发展赋予了渔具新的内涵，现有渔具概念已经突破传统渔具的范畴。2009年，农业部展开了全国渔具渔法专项调查和海洋捕捞渔具目录编制工作，初步完成了《全国海洋捕捞渔具目录》征求意见稿。2013年，农业部委托东海所携相关单位，陆续开展了对农业部公布的禁用渔具、过渡渔具和准用渔具的调查工作，并于2017年8月在福建厦门会议上讨论形成《全国海洋捕捞渔具目录》汇总表（修订稿）。汇总表中将全部84种海洋捕捞渔具分成准用（30种）、禁用（13种）和过渡（41种）三大类，并分别设定了最小网目尺寸、渔具规格、携带数量等相应限制条件。

（d）捕捞渔具准入配套标准体系框架

参考专著《海洋渔业技术学》《标准体系表编制原则和要求》（GB/T 13106—2009）、我国渔具及渔具材料标准体系表和《全国海洋捕捞渔具目录》汇总表（修订稿）等文献资料，课题组绘制了捕捞渔具准入配套标准体系框架结构图（图 2-1）。

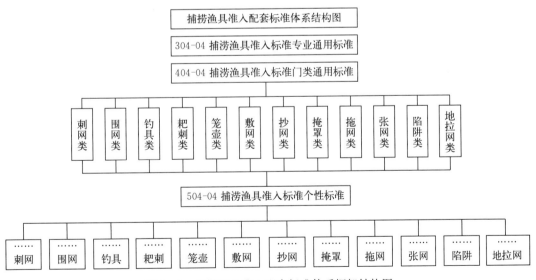

图 2-1 捕捞渔具准入配套标准体系框架结构图

② 捕捞渔具各项活动或环节涉及的主要要素

捕捞渔具各项活动或环节涉及的主要要素如表 2-10 所示。

**表 2-10　捕捞渔具各项活动或环节涉及的主要要素**

| 捕捞渔具类型 | 刺网类 | 围网类 | 钓具类 | 耙刺类 | 笼壶类 | 敷网类 | 抄网类 | 掩罩类 | 拖网类 | 张网类 | 陷阱类 |
|---|---|---|---|---|---|---|---|---|---|---|---|
| 资料收集 | | | | | | | | | | | |
| 现场调查 | 小网目尺寸、单船使用（含备网）上纲总长度 | 小网目尺寸、最大单船集鱼灯总功率（含水下灯） | 涉及集鱼灯，则制定最大单船集鱼灯总功率（含水下灯） | — | 涉及网目尺寸，则制定最小网目尺寸、最小孔径 | 涉及集鱼灯，则制定最大单船集鱼灯总功率（含水下灯）、最大单船携带渔具数量 | — | 涉及网目尺寸或集鱼灯，则制定最小网目尺寸或最大单船集鱼灯总功率（含水下灯） | 小网目尺寸、最大上纲长度 | 小网目尺寸、最大上纲长度、单船最大使用数量（含备用张网） | 取鱼部最小网目尺寸、最大网墙长度 |
| 资料汇总分析 | 搭建适用于我国的捕捞渔具准入配套标准体系结构图和根据捕捞渔具准入配套标准体系结构图建立捕捞渔具配套标准 | | | | | | | | | | |
| 报告 | 课题结题资料汇总与整理，完成结题验收 | | | | | | | | | | |

对需标准化的要素进行归类，提取共性要素；明确标准化对象，确定标准名称和标准主要技术内容，归类分析流程如表 2-11 所示。

**表 2-11　捕捞渔具标准化的要素归类分析流程**

| 捕捞渔具类型 | | 资料收集 | 现场调查 | 资料汇总分析 | 报　告 |
|---|---|---|---|---|---|
| 渔具 | 刺网专业分类共性标准 | | | | |
| | 围网专业分类共性标准 | | | | |
| | 钓具专业分类共性标准 | | | | |
| | 耙刺专业分类共性标准 | | | | |
| | 笼壶专业分类共性标准 | | | | |
| | 敷网专业分类共性标准 | | | | |
| | 抄网专业分类共性标准 | | | | |
| | 掩罩专业分类共性标准 | | | | |
| | 拖网专业分类共性标准 | | | | |
| | 张网专业分类共性标准 | | | | |
| | 陷阱专业分类共性标准 | | | | |
| | 地拉网专业分类共性标准 | | | | |

# 第二节　捕捞渔具准入标准体系表

依据《标准体系表编制原则和要求》（GB/T 13106—2009）、《全国海洋捕捞渔具目录》汇总表绘制了捕捞渔具标准体系框架图。在完成的框架图基础上，依据《科技成果转化为标准指南》（GB/T 33450—2016），对现有科研成果进行梳理，按照产业发展和执法监管所需，渔具及渔具材料分技委经过讨论和研究确定了需要制修订的标准目录，完成了捕捞渔具标准体系表。本节主要概述捕捞渔具准入标准体系表以及捕捞渔具标准专业通用标准、门类通用标准与个性标准等内容。

## 一、准入标准体系表

捕捞渔具准入标准体系表如表 2-12 所示。

表 2-12　捕捞渔具准入标准体系表

| 类别 | 标准名称 | 标准代号 | 宜定级别 | 国际国外标准号及采用关系 | 被代替标准号或作废 | 备注 |
|---|---|---|---|---|---|---|
| 捕捞渔具术语和方法专业通用基础标准 | 渔具分类、命名及代号 | GB/T 5147—2003 | 国家标准 | | | 定义、划分原则、类型 |
| | 渔具与渔具材料量、单位及符号 | GB/T 6963—2006 | 国家标准 | | | 定义、划分原则、类型 |
| | 渔具　捕捞强度表示方法 | | 国家标准 | | | 定义、划分原则、类型 |
| | 渔具基本术语 | SC/T 4001—1995 | 行业标准 | | | 定义、划分原则、类型 |
| | 渔具制图 | SC/T 4002—1995 | 行业标准 | | | 程序、共性技术要求 |
| | 主要渔具制作　网衣缩结 | SC/T 4003—2000 | 行业标准 | | | 程序、共性技术要求 |
| | 主要渔具制作　网片剪裁和计算 | SC/T 4004—2000 | 行业标准 | | | 程序、共性技术要求 |
| | 主要渔具制作　网片缝合与装配 | SC/T 4005—2000 | 行业标准 | | | 程序、共性技术要求 |
| | 渔网网目尺寸测量方法 | GB/T 6964—2010 | 国家标准 | | | 程序、共性技术要求 |
| | 2.3 m² 双叶片椭圆形网板 | SC/T 4007—1987 | 行业标准 | | | 程序、共性技术要求 |
| | 2.5 m² 椭圆形曲面开缝网板 | SC/T 4016—2003 | 行业标准 | | | 程序、共性技术要求 |
| | 2.5 m² V 型网板 | SC/T 5033—2006 | 行业标准 | | | 程序、共性技术要求 |
| 捕捞渔具专业分类共性标准 | 刺网 | | 国家标准 | | | 专业分类共性标准 |
| | 刺网最小网目尺寸　银鲳 | SC/T 40014—2016 | 行业标准 | | | 专业分类共性标准 |
| | 刺网最小网目尺寸　小黄鱼 | SC/T 4026—2016 | 行业标准 | | | 专业分类共性标准 |
| | 围网 | | 国家标准 | | | 专业分类共性标准 |
| | 钓具 | | 国家标准 | | | 专业分类共性标准 |
| | 柔鱼钓钩 | SC/T 4015—2002 | 行业标准 | | | 专业分类共性标准 |
| | 耙刺 | | 行业标准 | | | 专业分类共性标准 |

（续）

| 类别 | 标准名称 | 标准代号 | 宜定级别 | 国际国外标准号及采用关系 | 被代替标准号或作废 | 备注 |
|---|---|---|---|---|---|---|
| 捕捞渔具专业分类共性标准 | 笼壶 | | 国家标准 | | | 专业分类共性标准 |
| | 敷网 | | 国家标准 | | | 专业分类共性标准 |
| | 抄网 | | 国家标准 | | | 专业分类共性标准 |
| | 掩罩 | | 国家标准 | | | 专业分类共性标准 |
| | 拖网 | | 国家标准 | | | 专业分类共性标准 |
| | 拖网模型水池试验方法 | SC/T 4011—1995 | 行业标准 | | | 专业分类共性标准 |
| | 双船底拖网渔具装配方法 | SC/T 4012—1995 | 行业标准 | | | 专业分类共性标准 |
| | 东海区虾拖网网囊最小网目尺寸 | SC/T 4029—2016 | 行业标准 | | | 专业分类共性标准 |
| | 东海、黄海区拖网网囊最小网目尺寸 | GB 11779—2005 | 国家标准 | | | 专业分类共性标准 |
| | 南海区拖网网囊最小网目尺寸 | GB 11780—2005 | 国家标准 | | | 专业分类共性标准 |
| | 张网 | | 国家标准 | | | 专业分类共性标准 |
| | 有翼张网网囊最小网目尺寸 | SC 4013—199 | 行业标准 | | | 专业分类共性标准 |
| | 陷阱 | | 国家标准 | | | 专业分类共性标准 |
| | 地拉网 | | 国家标准 | | | 专业分类共性标准 |
| 捕捞渔具专业分类个性标准 | 定置单片刺网 | | 国家标准 | | | 产品个性标准 |
| | 漂流单片刺网 | | 国家标准 | | | 产品个性标准 |
| | 漂流无下纲刺网 | | 国家标准 | | | 产品个性标准 |
| | 定置双重刺网 | | 国家标准 | | | 产品个性标准 |
| | 漂流双重刺网 | | 国家标准 | | | 产品个性标准 |
| | 定置三重刺网 | | 国家标准 | | | 产品个性标准 |
| | 漂流三重刺网 | | 国家标准 | | | 产品个性标准 |
| | 框格刺网 | | 国家标准 | | | 产品个性标准 |
| | 单船无囊围网 | | 国家标准 | | | 产品个性标准 |
| | 双船无囊围网 | | 国家标准 | | | 产品个性标准 |
| | 双船有囊围网 | | 国家标准 | | | 产品个性标准 |
| | 单船有囊围网 | | 国家标准 | | | 产品个性标准 |
| | 手操无囊围网 | | 国家标准 | | | 产品个性标准 |
| | 定置延绳真饵单钩钓 | | 国家标准 | | | 产品个性标准 |
| | 漂流延绳真饵单钩钓 | | 国家标准 | | | 产品个性标准 |
| | 垂钓真饵单钩钓 | | 国家标准 | | | 产品个性标准 |
| | 垂钓真饵复钩钓 | | 国家标准 | | | 产品个性标准 |

（续）

| 项目 | 标准名称 | 标准代号 | 宜定级别 | 国际国外标准号及采用关系 | 被代替标准号或作废 | 备注 |
|---|---|---|---|---|---|---|
| 捕捞渔具专业分类个性标准 | 曳绳拟饵单钩钓 | | 国家标准 | | | 产品个性标准 |
| | 垂钓拟饵复钩钓 | | 国家标准 | | | 产品个性标准 |
| | 漂流延绳拟饵复钩钓 | | 国家标准 | | | 产品个性标准 |
| | 钩刺齿耙耙刺 | | 国家标准 | | | 产品个性标准 |
| | 定置延绳滚钩耙刺 | | 国家标准 | | | 产品个性标准 |
| | 投射箭铦刺 | | 国家标准 | | | 产品个性标准 |
| | 投射叉刺耙刺 | | 国家标准 | | | 产品个性标准 |
| | 钩刺柄钩耙刺 | | 国家标准 | | | 产品个性标准 |
| | 铲耙刨耙耙刺 | | 国家标准 | | | 产品个性标准 |
| | 拖曳齿耙耙刺 | | 国家标准 | | | 产品个性标准 |
| | 铲耙锹铲耙刺 | | 国家标准 | | | 产品个性标准 |
| | 漂流延绳弹夹笼 | | 国家标准 | | | 产品个性标准 |
| | 定置延绳洞穴壶 | | 国家标准 | | | 产品个性标准 |
| | 定置延绳倒须笼 | | 国家标准 | | | 产品个性标准 |
| | 散布倒须笼 | | 国家标准 | | | 产品个性标准 |
| | 定置串联倒须笼 | | 国家标准 | | | 产品个性标准 |
| | 船敷箕状敷网 | | 国家标准 | | | 产品个性标准 |
| | 船敷撑架敷网 | | 国家标准 | | | 产品个性标准 |
| | 手敷撑架敷网 | | 国家标准 | | | 产品个性标准 |
| | 岸敷撑架敷网 | | 国家标准 | | | 产品个性标准 |
| | 漂流多层帘式敷具 | | 国家标准 | | | 产品个性标准 |
| | 漂流延绳束状敷网 | | 国家标准 | | | 产品个性标准 |
| | 推移兜状抄网 | | 国家标准 | | | 产品个性标准 |
| | 准用舀取兜状抄网 | | 国家标准 | | | 产品个性标准 |
| | 抛撒掩网掩罩 | | 国家标准 | | | 产品个性标准 |
| | 撑开掩网掩罩 | | 国家标准 | | | 产品个性标准 |
| | 单船框架拖网 | | 国家标准 | | | 产品个性标准 |
| | 单船多囊拖网 | | 国家标准 | | | 产品个性标准 |
| | 单船有袖单囊拖网 | | 国家标准 | | | 产品个性标准 |
| | 双船有袖单囊拖网 | | 国家标准 | | | 产品个性标准 |
| | 单船桁杆拖网 | | 国家标准 | | | 产品个性标准 |
| | 双船多囊拖网 | | 国家标准 | | | 产品个性标准 |
| | 双锚单片张网 | | 国家标准 | | | 产品个性标准 |

（续）

| 项目 | 标准名称 | 标准代号 | 宜定级别 | 国际国外标准号及采用关系 | 被代替标准号或作废 | 备注 |
|---|---|---|---|---|---|---|
| 捕捞渔具专业分类个性标准 | 多锚单片张网 | | 国家标准 | | | 产品个性标准 |
| | 多桩竖杆张网 | | 国家标准 | | | 产品个性标准 |
| | 樯张张纲张网 | | 国家标准 | | | 产品个性标准 |
| | 樯张有翼单囊张网 | | 国家标准 | | | 产品个性标准 |
| | 双锚竖杆张网 | | 国家标准 | | | 产品个性标准 |
| | 并列张纲张网 | | 国家标准 | | | 产品个性标准 |
| | 单锚框架张网 | | 国家标准 | | | 产品个性标准 |
| | 单锚张纲张网 | | 国家标准 | | | 产品个性标准 |
| | 单锚桁杆张网 | | 国家标准 | | | 产品个性标准 |
| | 双桩张纲张网 | | 国家标准 | | | 产品个性标准 |
| | 船张框架张网 | | 国家标准 | | | 产品个性标准 |
| | 船张竖杆张网 | | 国家标准 | | | 产品个性标准 |
| | 双锚张纲张网 | | 国家标准 | | | 产品个性标准 |
| | 双锚有翼单囊张网 | | 国家标准 | | | 产品个性标准 |
| | 多锚框架张网 | | 国家标准 | | | 产品个性标准 |
| | 多锚桁杆张网 | | 国家标准 | | | 产品个性标准 |
| | 多锚有翼单囊张网 | | 国家标准 | | | 产品个性标准 |
| | 单桩框架张网 | | 国家标准 | | | 产品个性标准 |
| | 单桩桁杆张网 | | 国家标准 | | | 产品个性标准 |
| | 双桩有翼单囊张网 | | 国家标准 | | | 产品个性标准 |
| | 双桩竖杆张网 | | 国家标准 | | | 产品个性标准 |
| | 樯张竖杆张网 | | 国家标准 | | | 产品个性标准 |
| | 导陷建网陷阱通用技术要求 | | 国家标准 | | | 产品个性标准 |
| | 拦截插网陷阱 | | 国家标准 | | | 产品个性标准 |
| | 导陷插网陷阱 | | 国家标准 | | | 产品个性标准 |
| | 导陷箔筌陷阱 | | 国家标准 | | | 产品个性标准 |
| | 拦截箔筌陷阱 | | 国家标准 | | | 产品个性标准 |
| | 船布有翼单囊地拉网 | | 国家标准 | | | 产品个性标准 |
| | 抛撒无囊地拉网 | | 国家标准 | | | 产品个性标准 |
| | 拖曳束网耙刺 | | 国家标准 | | | 产品个性标准 |

## 二、捕捞渔具标准专业通用标准、门类通用标准与个性标准

依据《标准体系表编制原则和要求》（GB/T 13106—2009）、《全国海洋捕捞渔具目录》汇总表绘制了捕捞渔具标准体系框架图；在完成的框架图基础上，依据《科技成果转化为标准指南》（GB/T 33450—2016），对现有科研成果进行梳理，按照产业发展和执法监管所需，渔具及渔具材料分技委经过讨论和研究确定了需要制修订的标准目录，完成捕捞渔具标准专业通用标准、门类通用标准与个性标准目录。

**1. 捕捞渔具标准专业通用标准**

我国捕捞渔具标准专业通用标准如表 2-13 所示。

表 2-13　304-04-001　捕捞渔具标准专业通用标准

| 序号 | 标准号 | 标准名称 | 宜定级别 | 备注 |
|---|---|---|---|---|
| 1 | GB/T 5147—2003 | 渔具分类、命名及代号 | 国家标准 | |
| 2 | GB/T 6963—2006 | 渔具与渔具材料量、单位及符号 | 国家标准 | |
| 3 | GB/T 6964—2010 | 渔网网目尺寸测量方法 | 国家标准 | |
| 4 | SC/T 4001—1995 | 渔具基本术语 | 行业标准 | |
| 5 | SC/T 4002—1995 | 渔具制图 | 行业标准 | |
| 6 | SC/T 4003—2000 | 主要渔具制作　网衣缩结 | 行业标准 | |
| 7 | SC/T 4004—2000 | 主要渔具制作　网片剪裁和计算 | 行业标准 | |
| 8 | SC/T 4005—2000 | 主要渔具制作　网片缝合与装配 | 行业标准 | |
| 9 | | 渔具　捕捞强度表示方法 | 国家标准 | |
| 10 | | 渔具阻力参数测试方法 | 国家标准 | |
| 11 | | 拖网、张网网口高度参数测试方法 | 国家标准 | |
| 12 | | 渔具运动速度参数测试方法 | 国家标准 | |
| 13 | | 拖曳渔具选择性试验方法 | 国家标准 | |
| 14 | | 渔具绳索联接型式及技术要求 | 国家标准 | |

**2. 捕捞渔具标准专业门类通用标准**

我国捕捞渔具标准门类通用标准如表 2-14 至表 2-22 所示。

表 2-14　404-04-001　拖网

| 序号 | 标准号 | 标准名称 | 宜定级别 | 备注 |
|---|---|---|---|---|
| 1 | | 拖网通用技术要求 | 国家标准 | |
| 2 | GB 11779—2005 | 东海、黄海区拖网网囊最小网目尺寸 | 国家标准 | |
| 3 | GB 11780—2005 | 南海区拖网网囊最小网目尺寸 | 国家标准 | |
| 4 | SC/T 4011—1995 | 拖网模型水池试验方法 | 行业标准 | |
| 5 | SC/T 4012—1995 | 双船底拖网渔具装配方法 | 行业标准 | |

（续）

| 序号 | 标准号 | 标准名称 | 宜定级别 | 备注 |
|---|---|---|---|---|
| 6 | SC/T 4029—2016 | 东海区虾拖网网囊最小网目尺寸 | 行业标准 | |
| 7 | SC/T 4050.1—2019 | 拖网渔具通用技术要求　第1部分：网衣 | 行业标准 | |
| 8 | SC/T 4050.2—2019 | 拖网渔具通用技术要求　第2部分：浮子 | 行业标准 | |
| 9 | | 拖网渔具通用技术要求　第3部分：纲索 | 行业标准 | |
| 10 | | 拖网渔具通用技术要求　第4部分：网线 | 行业标准 | |
| 11 | | 拖网渔具通用技术要求　第5部分：其他材料 | 行业标准 | |

**表 2 - 15　404 - 04 - 002　围网**

| 序号 | 标准号 | 标准名称 | 宜定级别 | 备注 |
|---|---|---|---|---|
| 1 | | 围网通用技术要求 | 国家标准 | |

**表 2 - 16　404 - 04 - 003　刺网**

| 序号 | 标准号 | 标准名称 | 宜定级别 | 备注 |
|---|---|---|---|---|
| 1 | | 刺网通用技术要求 | 国家标准 | |
| 2 | SC/T 40014—2016 | 刺网最小网目尺寸　银鲳 | 行业标准 | |
| 3 | SC/T 4026—2016 | 刺网最小网目尺寸　小黄鱼 | 行业标准 | |

**表 2 - 17　404 - 04 - 004　钓具**

| 序号 | 标准号 | 标准名称 | 宜定级别 | 备注 |
|---|---|---|---|---|
| 1 | | 钓具通用技术要求 | 国家标准 | |
| 2 | SC/T 4015—2002 | 柔鱼钓钩 | 行业标准 | |

**表 2 - 18　404 - 04 - 005　张网**

| 序号 | 标准号 | 标准名称 | 宜定级别 | 备注 |
|---|---|---|---|---|
| 1 | | 张网通用技术要求 | 国家标准 | |
| 2 | SC 4013—1995 | 有翼张网网囊最小网目尺寸 | 行业标准 | |

**表 2 - 19　404 - 04 - 006　耙刺**

| 序号 | 标准号 | 标准名称 | 宜定级别 | 备注 |
|---|---|---|---|---|
| 1 | | 耙刺通用技术要求 | 国家标准 | |

**表 2 - 20　404 - 04 - 007　陷阱**

| 序号 | 标准号 | 标准名称 | 宜定级别 | 备注 |
|---|---|---|---|---|
| 1 | | 陷阱通用技术要求 | 国家标准 | |

表 2 - 21 404 - 04 - 008 笼壶

| 序号 | 标准号 | 标准名称 | 宜定级别 | 备注 |
|---|---|---|---|---|
| 1 | | 笼壶通用技术要求 | 国家标准 | |

表 2 - 22 404 - 04 - 009 杂渔具

| 序号 | 标准号 | 标准名称 | 宜定级别 | 备注 |
|---|---|---|---|---|
| 1 | | 敷网通用技术要求 | 国家标准 | |
| 2 | | 抄网通用技术要求 | 国家标准 | |
| 3 | | 掩罩通用技术要求 | 国家标准 | |
| 4 | | 其他杂渔具通用技术要求 | 国家标准 | |

### 3. 捕捞渔具标准个性标准

我国捕捞渔具标准个性标准如表 2 - 23 至表 2 - 31 所示。

表 2 - 23 504 - 04 - 001 拖网

| 序号 | 标准号 | 标准名称 | 宜定级别 | 备注 |
|---|---|---|---|---|
| 1 | | 单船多囊拖网通用技术要求 | 国家标准 | |
| 2 | | 单船框架拖网通用技术要求 | 国家标准 | |
| 3 | | 单船桁杆拖网通用技术要求 | 国家标准 | |
| 4 | | 单船有袖单囊拖网通用技术要求 | 国家标准 | |
| 5 | | 双船有袖单囊拖网通用技术要求 | 国家标准 | |

表 2 - 24 504 - 04 - 002 围网

| 序号 | 标准号 | 标准名称 | 宜定级别 | 备注 |
|---|---|---|---|---|
| 1 | | 双船有囊围网通用技术要求 | 强制性 | |
| 2 | | 单船无囊围网通用技术要求 | 国家标准 | |
| 3 | | 双船无囊围网通用技术要求 | 国家标准 | |
| 4 | | 手操无囊围网通用技术要求 | 国家标准 | |
| 5 | | 单船有囊围网通用技术要求 | 国家标准 | |

表 2 - 25 504 - 04 - 003 刺网

| 序号 | 标准号 | 标准名称 | 宜定级别 | 备注 |
|---|---|---|---|---|
| 1 | | 漂流无下纲刺网通用技术要求 | 国家标准 | |
| 2 | | 定置单片刺网通用技术要求 | 国家标准 | |
| 3 | | 漂流单片刺网通用技术要求 | 国家标准 | |
| 4 | | 框格刺网通用技术要求 | 国家标准 | |
| 5 | | 定置三重刺网通用技术要求 | 国家标准 | |
| 6 | | 漂流三重刺网通用技术要求 | 国家标准 | |

（续）

| 序号 | 标准号 | 标准名称 | 宜定级别 | 备注 |
|---|---|---|---|---|
| 7 | | 定置双重刺网通用技术要求 | 国家标准 | |
| 8 | | 漂流双重刺网通用技术要求 | 国家标准 | |

表 2-26　504-04-004　钓具

| 序号 | 标准号 | 标准名称 | 宜定级别 | 备注 |
|---|---|---|---|---|
| 1 | | 漂流延绳拟饵复钩通用技术要求 | 国家标准 | |
| 2 | | 垂钓真饵单钩钓通用技术要求 | 国家标准 | |
| 3 | | 垂钓真饵复钩钓通用技术要求 | 国家标准 | |
| 4 | | 曳绳拟饵单钩钓通用技术要求 | 国家标准 | |
| 5 | | 垂钓拟饵复钩钓通用技术要求 | 国家标准 | |
| 6 | | 定置延绳真饵单钩钓通用技术要求 | 国家标准 | |
| 7 | | 漂流延绳真饵单钩钓通用技术要求 | 国家标准 | |

表 2-27　504-04-005　张网

| 序号 | 标准号 | 标准名称 | 宜定级别 | 备注 |
|---|---|---|---|---|
| 1 | | 双锚竖杆张网通用技术要求 | 国家标准 | |
| 2 | | 并列张纲张网通用技术要求 | 国家标准 | |
| 3 | | 双锚单片张网通用技术要求 | 国家标准 | |
| 4 | | 多锚单片张网通用技术要求 | 国家标准 | |
| 5 | | 多桩竖杆张网通用技术要求 | 国家标准 | |
| 6 | | 多桩竖杆张网通用技术要求 | 国家标准 | |
| 7 | | 樯张张纲张网通用技术要求 | 国家标准 | |
| 8 | | 樯张有翼单囊张网通用技术要求 | 国家标准 | |
| 9 | | 双锚竖杆张网通用技术要求 | 国家标准 | |
| 10 | | 并列张纲张网通用技术要求 | 国家标准 | |
| 11 | | 双锚单片张网通用技术要求 | 国家标准 | |
| 12 | | 双锚单片张网通用技术要求 | 国家标准 | |
| 13 | | 多锚单片张网通用技术要求 | 国家标准 | |
| 14 | | 多锚单片张网通用技术要求 | 国家标准 | |
| 15 | | 樯张张纲张网通用技术要求 | 国家标准 | |
| 16 | | 樯张有翼单囊张网通用技术要求 | 国家标准 | |
| 17 | | 樯张有翼单囊张网通用技术要求 | 国家标准 | |
| 18 | | 多桩竖杆张网通用技术要求 | 国家标准 | |
| 19 | | 双锚单片张网通用技术要求 | 国家标准 | |
| 20 | | 樯张张纲张网通用技术要求 | 国家标准 | |

（续）

| 序号 | 标准号 | 标准名称 | 宜定级别 | 备注 |
|---|---|---|---|---|
| 21 | | 双锚竖杆张网通用技术要求 | 国家标准 | |
| 22 | | 并列张纲张网通用技术要求 | 国家标准 | |
| 23 | | 多锚单片张网通用技术要求 | 国家标准 | |

表 2-28　504-04-006　耙刺

| 序号 | 标准号 | 标准名称 | 宜定级别 | 备注 |
|---|---|---|---|---|
| 1 | | 铲耙刨耙耙刺通用技术要求 | 国家标准 | |
| 2 | | 投射叉刺耙刺通用技术要求 | 国家标准 | |
| 3 | | 定置延绳滚钩耙刺通用技术要求 | 国家标准 | |
| 4 | | 投射箭铦刺通用技术要求 | 国家标准 | |
| 5 | | 钩刺柄钩耙刺通用技术要求 | 国家标准 | |
| 6 | | 拖曳齿耙耙刺通用技术要求 | 国家标准 | |
| 7 | | 铲耙锹铲耙刺通用技术要求 | 国家标准 | |
| 8 | | 钩刺齿耙耙刺通用技术要求 | 国家标准 | |

表 2-29　504-04-007　陷阱

| 序号 | 标准号 | 标准名称 | 宜定级别 | 备注 |
|---|---|---|---|---|
| 1 | | 导陷建网陷阱通用技术要求通用技术要求 | 国家标准 | |

表 2-30　504-04-008　笼壶

| 序号 | 标准号 | 标准名称 | 宜定级别 | 备注 |
|---|---|---|---|---|
| 1 | | 定置串联倒须笼通用技术要求 | 国家标准 | |
| 2 | | 定置延绳洞穴壶通用技术要求 | 国家标准 | |
| 3 | | 漂流延绳弹夹笼通用技术要求 | 国家标准 | |
| 4 | | 定置延绳倒须笼通用技术要求 | 国家标准 | |
| 5 | | 散布倒须笼通用技术要求 | 国家标准 | |

表 2-31　504-04-009　杂渔具

| 序号 | 标准号 | 标准名称 | 宜定级别 | 备注 |
|---|---|---|---|---|
| 1 | | 舀取兜状抄网通用技术要求 | 国家标准 | |
| 2 | | 抛撒掩网掩罩通用技术要求 | 国家标准 | |
| 3 | | 撑开掩网掩罩通用技术要求 | 国家标准 | |
| 4 | | 岸敷撑架敷网通用技术要求 | 国家标准 | |
| 5 | | 漂流多层帘式敷具通用技术要求 | 国家标准 | |

（续）

| 序号 | 标准号 | 标准名称 | 宜定级别 | 备注 |
|---|---|---|---|---|
| 6 | | 手敷撑架敷网通用技术要求 | 国家标准 | |
| 7 | | 推移兜状抄网通用技术要求 | 国家标准 | |
| 8 | | 船敷箕状敷网通用技术要求 | 国家标准 | |
| 9 | | 船敷撑架敷网通用技术要求 | 国家标准 | |

捕捞渔具标准统计表如表 2-32 所示。

**表 2-32　捕捞渔具标准统计表**

| 标准层级 | 应有数（项） | 现有数（项） | 现有数/应有数（%） |
|---|---|---|---|
| 国家标准 | 94 | 5 | 53.2 |
| 行业标准 | 17 | 14 | 82.4 |
| 合计 | 111 | 19 | 17.1 |

# 第三节　捕捞渔具准入配套标准体系分析研究

本节主要分析与讨论捕捞渔具准入配套标准体系的现状，并对其存在的主要问题等进行探讨。

## 一、捕捞渔具准入配套标准体系分析与讨论

捕捞渔具准入制度是海洋渔业资源管理的基础，是实现海洋渔业资源由自由利用转向有限利用、由自由竞争转向有序利用的关键。20 世纪 70 年代末，我国以《水产资源繁殖保护条例》为起点，以《渔业法》《行政许可法》等法律为基础，以国务院行政法规、地方条例、农业农村部规章等为组成部分的捕捞准入体系，内容涉及渔船、渔具、作业时间、作业区域等各个方面。捕捞渔具准入制度实施以来，在我国渔区形成了一种准入的思想意识，改变了自由入渔的状况，限制了捕捞努力量的盲目扩大，为未来渔业管理提供了良好的基础。捕捞生产的准入是进行海洋渔业资源有效管理的必要条件。捕捞渔具是开发、利用渔业资源的基本工具。研究捕捞渔具准入配套标准体系、制定捕捞渔具准入配套标准、规范和加强捕捞渔具管理，既有助于发展"负责任捕捞"，实现对海洋渔业资源的可持续利用，又有助于加快构建渔业现代治理体系和治理能力，还有助于促进渔业文明繁荣进步。

为全面掌握我国当前捕捞业渔具渔法现状，加强和规范渔具渔法管理，推进捕捞渔具准入制度研究，建立渔具准用目录，农业部决定从 2009 年开始，在全国开展捕捞渔具渔法调查。标准化是捕捞渔具管理的重要手段，编制捕捞渔具准入配套标准体系表有利于进一步健全和完善捕捞渔具管理的机制、政策和措施。相较于产业发展和执法监管的迫切需要，渔具标准体系建设较为滞后。在标准数量方面，经初步统计，截至 2019 年 11 月，我国现行有效渔具标准 22 项，其中国家标准 4 项，水产行业标准 18 项；强制性标准 3 项，推荐性标准 19

项。这 22 项捕捞渔具标准中，最早渔具标准为 1987 年制定，已经有 30 多年未进行修订，可见我国渔具标准工作的滞后性和紧迫性。为加强渔具渔法管理、保护渔业资源，农业部于 2003 年发布了《关于实施海洋捕捞网具最小网目尺寸制度的通告》，并于 2004 年 6 月 1 日起实施。由于当时规定的渔具类型较少而渔具更新换代太快等原因，自 2009 年起，农业部又委托东海所等单位陆续开展了全国渔具渔法专项调查和海洋捕捞渔具目录编制工作，并在 2017 年 8 月于厦门会议上农业部相关领导专家讨论形成最新的《全国海洋捕捞渔具目录》汇总表（修订稿）。全国海洋捕捞渔具目录（修订稿）中将全部 84 种海洋捕捞渔具分成准用（30 种）、禁用（13 种）和过渡（41 种）3 大类，并分别设定了最小网目尺寸、渔具规格、携带数量等相应限制条件。2013 年，农业部出台了《关于实施海洋捕捞准用渔具和过渡渔具最小网目尺寸制度的通告》和《关于禁止使用双船单片多囊拖网等十三种渔具的通告》，分别从 2014 年 6 月 1 日和 2014 年 1 月 1 日起正式实施。由于长期以来，我国渔具管理工作一直存在科研基础薄弱、经费投入不足等困难和问题，造成《全国海洋捕捞渔具目录》中大量过渡渔具研究滞后，目前对外发布的条件还不成熟，下一步还要从经费保障、科研支撑、学科设置等多个方面加大支持力度，争取尽早发布正式《全国海洋捕捞渔具目录》，进一步规范渔具管理、实施渔具准入制度。

通过本课题实施，课题组在国内首次编制了捕捞渔具准入配套标准体系框架和捕捞渔具准入配套标准体系表，在国内首次出版了关于捕捞渔具准入配套标准体系专著——《捕捞渔具准入配套标准体系研究》，解决了我国长期缺失捕捞渔具准入配套标准体系框架和捕捞渔具准入配套标准体系表的问题，为进一步规范渔具管理、实施渔具准入制度等提供了参考。与前人在捕捞渔具准入配套标准体系方面的相关研究相比，本课题研究成果具有系统性、针对性和全面性等特点，尤其，课题组首次编制了捕捞渔具准入配套标准体系框架和捕捞渔具准入配套标准体系表，创新性明显。

## 二、捕捞渔具准入配套标准体系存在的主要问题及今后的设想

渔业现代化建设对标准提出了更多需求，无论是行业管理部门依法行政，还是产业转型升级等都需要更多标准提供技术支撑，但由于科研管理与标准管理衔接协调机制不健全，捕捞渔具标准体系缺乏系统研究，造成的标准体系系统性和配套性不强，立项标准不准确，标准化整体效能难以体现，一些科研成果不能及时通过转化为标准进行推广。由于捕捞渔具在实际使用和管理中具有复杂性，本课题的研究时间仅为一年，只初步建立了捕捞渔具管理配套标准体系，未能对体系中单独模块（如捕捞渔具准入标准专业通用标准、捕捞渔具准入标准门类通用标准、拖网通用标准、围网通用标准、刺网通用标准、钓具通用标准、张网通用标准、耙刺通用标准、笼壶通用标准、杂渔具通用标准、捕捞渔具准入标准个性标准、单船多囊拖网通用技术要求标准等）进行系统研究。

设想今后在本课题的研究基础上能够进一步完善捕捞渔具配套标准体系框架及配套的标准体系表；研究探索捕捞渔具领域内科研与标准结合的新道路，搭建科研与标准沟通的桥梁，促进科研成果转化为标准，提高标准立项的科学性、系统性和配套性，为水产标准化管理部门制订标准制修订规划提供技术支撑，同时，梳理出需进一步研究的方向，为科研项目立项管理提供技术支撑。

# 第三章

# 国家水产种质资源平台标准体系研究

　　水产种质资源（germplasm resources of fishery）是水产物种保存、优良品种培育及水产可持续发展的重要物质基础，承载着水产物种多样性、遗传多样性及基因资源，是生物种质资源的重要组成部分。水产种质资源是水产育种、养殖生产和渔业科技发展的重要保障，是支撑国民生产、人民生活和社会科技活动的重要战略资源，在我国国际竞争力中有着重要地位。水产种质资源作为可更新资源的一种，只要合理利用，就可取之不尽、用之不竭。本章主要概述水产种质资源平台现状及其标准体系研究概况，从水产种质资源保存条件筛选等6个方面构建标准体系表，初步搭建我国国家水产种质资源平台标准体系，为制修订国家水产种质资源平台标准提供参考。

## 第一节　水产种质资源平台现状及其标准体系研究概况

　　渔业是大农业中标准化工作开展得较早和管理比较规范的一个行业，渔业标准化是农业标准化的重要组成部分，是渔业现代化建设的一项重要内容。近年来，国家颁布了一系列有关加强渔业资源保护和可持续发展的政策和指导性文件，鼓励并推动了现代化渔业建设，着力扩大并强化了渔业标准化管理，旨在促进"生态文明"建设和发展，共创"美丽中国"。本节主要概述国内外水产种质资源平台现状及其标准体系研究概况等内容。

### 一、国内外水产种质资源平台现状

#### 1. 国内水产种质资源平台现状

　　我国是世界上12个生物多样性特别丰富的国家之一，生物多样性丰富度排名世界第3。我国水产种质资源分布极为广泛，全国海水、淡水鱼类总数达3 000多种，其中海水鱼类有2 400多种，分布于南海（约1 400多种）、东海（约800多种）、黄海和渤海（约200多种）；淡水鱼类有900多种，分布于各主要内陆水域，长江291种、珠江271种、黄河124种、黑龙江97种、台湾81种、青藏区71种。此外，从国外引进的鱼类约有60余种。新中国成立后，我国对沿海和内陆水域的水生生物种质资源进行过多次较大规模联合调查，相关水产研究机构和院校也不间断对特定水域水生生物种质资源进行零星调查与分析研究。"六五"期间，进行了长江、珠江、黑龙江的青鱼、草鱼、鲢和鳙的原种收集与考种研究；"七五"期间，研究了淡水鱼类种质鉴定技术；"八五"期间，研究了淡水鱼类种质资源库；"九五"期间，进行了水产养殖对象种质保存技术研究；"十一五"期间，保存了大量重要养殖种类的活体、细胞、标本和 DNA 等实物资源。同时，国家、省、市级有关主管部门对水生生物资源采取了一定的保护、保存措施，建立了一些国家级或省级水产养殖原、良种保存与繁育基地和水生生物自然保护区，并对大量的水生生物标本进行了收集和保存，供科研和教学应用。

国家水产种质资源平台自 2005 年正式开始建设。2009 年，国家水产种质资源平台通过中华人民共和国科学技术部（以下简称科技部）验收和共享效果评价，加入"中国科技资源共享网"，成为科技基础条件平台第一批 25 家成员单位之一。2011 年，通过科技部和财政部联合组织的认定，成为科技基础条件共享平台首批获得运行服务奖励补助经费的成员单位之一。2016 年年底，国家水产种质资源平台第一期建设顺利完成。截至目前，国家水产种质资源平台累计收集、整理、整合和保存了 5811 种实物资源，其中包括 673 种活体资源、3978 种种质标本资源、686 种 DNA、181 种精子、116 种细胞系、177 种病原菌；数字化整理和表达了 993 种活体资源信息、3978 种种质资源标本信息，以及 686 种 DNA、181 种精子、65 种细胞系、177 种病原菌、24 个 cDNA 文库、16 个基因组文库、32 个功能基因和210 种藻类的相关信息；利用自有的种质资源，支撑了国家级、省部级重大科研项目数百项，为渔业龙头企业和广大养殖户提供技术培训超过 2000 万人次；凭借活体保存与繁育技术，为养殖企业和养殖专业户提供了数百亿尾的优质鱼、虾、贝、藻类等的优质苗种。自2017 年，国家水产种质资源平台更名为国家水产种质资源共享服务平台，目前正进行第二期建设。

**2. 国外水产种质资源平台现状**

随着联合国制定的"国际生物多样性合作研究计划"的实施和国际《生物多样性公约》的签署，包括水生生物种质资源和生物多样性在内的，生物种质资源和生物多样性问题开始受到国际社会，尤其是发达国家政府和科学家的高度重视。开展水生生物种质资源收集、鉴定和保存的研究成为国际上，特别是生物多样性缔约国必须开展的重要工作。各国开始抢救性地开展此项工作。发达国家，如美国、日本、俄罗斯等，频频派出专门考察船，收集各种水域环境的水生生物，以建立水生生物种质库。在保存生物种质资源过程中，发达国家除了采用传统的保存方式外，还发展了无菌培养、干燥和低温等多种保存形式；为了筛选某些特定用途的基因和保存可能灭绝的物种，专门建立了物种基因文库。目前，美国、加拿大等国家的科学家利用液氮冷冻技术，成功地保存了鱼、虾、贝类的精子。其中，贝类和虾类精子冷冻保存业已在商业广告中出现，说明其虾、贝的种质保存技术已基本成熟。可见，水生生物种质资源的保护和研究，已经成为世纪性的重要战略议题。

# 二、国家水产种质资源平台标准体系研究概况

国家水产种质资源平台标准体系研究概况主要包括国内外水产种质资源平台标准体系建设概况、国家水产种质资源平台标准体系研究的必要性及其研究课题简介等内容。

**1. 国内外水产种质资源平台标准体系建设概况**

（1）国内水产种质资源平台标准体系建设概况

水产种质资源是渔业现代化最为重要的基础性资源。我国拥有丰富的海水、淡水水产种

质资源，对其的保存和开发利用是渔业发展的重要前提条件。在国家水产种质资源共享服务平台第一期建设过程中，多项标准以中国水产科学研究院企业标准的形式发布，汇编成《水产种质资源共享平台技术规范》（上、下册），并于 2008 年 6 月，由中国农业科学技术出版社正式出版。然而，为扩大平台技术规范的服务范围，拓宽服务对象，促使水产种质资源保护事业更加规范化和系统化，急需将平台技术规范类标准上升为国家或行业标准，以突出其指导性和权威性。

（2）国外水产种质资源平台标准体系建设概况

部分发达国家的标准制定遵循市场化原则，已基本形成了政府监督、授权机构负责、专业机构起草、全社会征求意见的标准化工作运行机制。该机制可最大限度地满足政府、制造商、用户等各有关方的利益和要求，从而提高标准制定的效率，保障标准制定的公正性、透明度。20 世纪 90 年代初加拿大水产品质量管理规范（QMP）与 FDA《水产品危害控制指南》就是通过这样的机制制订的。欧洲联盟（以下简称欧盟）和美国等国家的标准一般是根据市场的需求，在听取生产者、经营者、消费者、科研人员的意见后，由政府组织，经充分研究，本着实用原则制定的。其标准中的各项技术指标力求量化，具有较强的科学性和可操作性。为保证标准的先进性，拓展农产品的出口，欧盟和美、澳等国的农产品标准尽量与国际标准和别国先进标准接轨，且定期复审，如美国规定标准每五年复审一次。欧盟的技术法规和标准非常灵活。欧盟能够根据市场的变化和新问题的出现及时发布新的技术法规，以对原法规进行补充和修改，保证法规的完整性和全面性。针对某一地区的具体问题，欧盟可以制定针对该地区的技术标准，其他地区则不受影响。欧盟技术法规的灵活性极大地适应了市场的需求，最大限度地保护了政府、生产者和消费者的利益。欧盟在其发布的法令中，对各类水产品一般都有明确详细完整的规定，并对每种产品规定了详细且严格的指标。国外的水产标准多以市场为导向，水产品质量为重点，主要制定的为产品质量安全系列标准，几乎没有为水产种质资源共享服务设计和制定的标准，相应的平台标准更是无处搜寻。

**2. 国家水产种质资源平台标准体系研究的必要性**

2005 年，在科技部的支持下，在动物种质资源平台中设立水产种质资源平台并由中国水产科学研究院牵头，组织全国 20 多家科研院所和高校开展水产种质资源的标准化整理、整合与共享研究。在标准化收集和数字化种质资源的同时，国家水产种质资源平台（http://zzzy.fishinfo.cn）于 2007 年正式上线运行，实现了网络化数据共享。平台自建设以来，取得了良好的成效，基本实现了全国性水产种质资源收集、保存和整理，在信息资源方面已经全面实现了共享，在实物种质资源层面也基本上实现了共享，为我国现代渔业发展和生态文明建设提供有力支撑。2017 年，随着平台建设的初步完成，科技部正式将平台更名为国家水产种质资源共享服务平台，使其共享服务功能更加突出。平台标准体系构建对于进一步进行标准化平台的建设，保持平台高水平有序的发展，更好地实现平台的共享服务功能，具有重要的引领和支撑作用。

国家水产种质资源共享服务平台的重要功能就是全面收集、整理和保存我国的水产种质资源，建立种质活体资源库、种质资源标本库、细胞库、病原库和基因库；收集、整理和补充测定各类种质参数，构建水产种质资源各类数据库和网络信息平台，实现数字化表达；科学分类、制定规范标准，实行统一编目、统一描述，实现标准化表达；面向社会开展多种形式的服务活动，实现实物资源及信息共享。这一系列的活动都需要做到有章可循、有章可依，需要规范化的标准作支撑。标准体系是指为了实现某种特定的目的，将一定范围内的标准按着相互关联、相互制约和相互作用的关系，组成的具有特定结构和特定功能的科学有机整体。标准体系的建设也是落实国家创新驱动发展战略的需要。加强标准与科技互动，将重要标准的研制列入国家科技计划支持范围，将标准作为相关科研项目的重要考核指标和专业技术资格评审的依据，应用科技报告制度促进科技成果向标准转化。水产种质资源规范、标准的制定有利于整合全国水产种质资源，规范水产种质资源的收集、整理和保存，促进水产种质资源的标准化整理和数字化表达。保证数据的系统性、可比性和可靠性，对于建立统一、规范的水产种质资源数据库，实现种质资源的充分共享和高效利用具有十分重要的意义，为制定国家标准，以及与国际接轨奠定了基础。水产种质资源规范标准的制定需立足于水产种质资源保存现状，以资源共享和利用为主要目标，制定原则合理，方法科学，适用范围明确，具有较好的科学性、系统性、实用性、可操作性和可扩充性。标准作为国家质量基础的重要组成部分，已成为国际通行的技术语言，是促进互联、互通的桥梁和纽带，更是"十三五"时期支撑国家治理体系和治理能力现代化的重要手段。制定和完善水产种质资源平台标准体系也便于更好地开展国际、国内交流与合作。

**3. 国家水产种质资源平台标准体系研究课题简介**

国家水产种质资源平台标准体系研究源自中国水产科学研究院基本科研业务费专项课题"国家水产种质资源平台标准体系研究"（课题编号：2017JC0203）；课题负责人为李纯厚研究员；课题主持单位为中国水产科学研究院南海水产研究所；课题起止日期为 2017 年 1 月～12 月。课题依托全国水产标准化技术委员会渔业资源分技术委员会的技术管理平台，总结了我国国家水产种质资源标准体系建设进展，探讨了标准体系建设的必要性。在研究并筛选国家法律法规、管理政策支撑文件的基础上，收集国内外渔业资源领域有关水产种质资源保护与利用的标准，按照《标准体系表编制原则和要求》（GB/T 13016—2009）、《科技成果转化为标准指南》（GB/T 33450—2016）和农业部渔业渔政管理局制定的水产行业标准体系表中具体要求，依托我国水产种质资源平台实物工作、技术经验和基础数据与资料，参考国际水产种质资源平台建设技术与标准前沿，将国家水产种质资源平台标准体系大致划分为 2 个层次，共 4 个门类，从水产种质资源保存条件筛选、收集方式、保存手段、数据平台创建、资源数字化和服务共享 6 个方面初步搭建我国国家水产种质资源平台的标准体系。

# 第二节　国家水产种质资源平台标准体系框架研究

本节初步研究国家水产种质资源平台标准体系框架。

根据国家水产种质资源共享服务平台实际运作程序和全国各个种质资源保存基地建设的实际情况，提炼平台标准体系涉及的关键活动和环节，课题组绘制形成了第一版标准体系框架结构图（图 3-1）。课题组于 2017 年 2 月，正式签订国家水产种质资源平台标准体系研究课题任务书；2017 年 3 月，在基础资料调研整理分析的基础上，编制完成平台标准体系基础通用标准草案 2 项，形成体系框架草案 1 项；2017 年 4 月，组织召开研讨会（宁波），会上针对第一版标准体系框架结构图进行讨论和修改，集中修改完善《水产种质资源平台建设规范　描述》《水产种质资源平台建设规范　收集和保存》2 项通用基础标准（图 3-2），绘

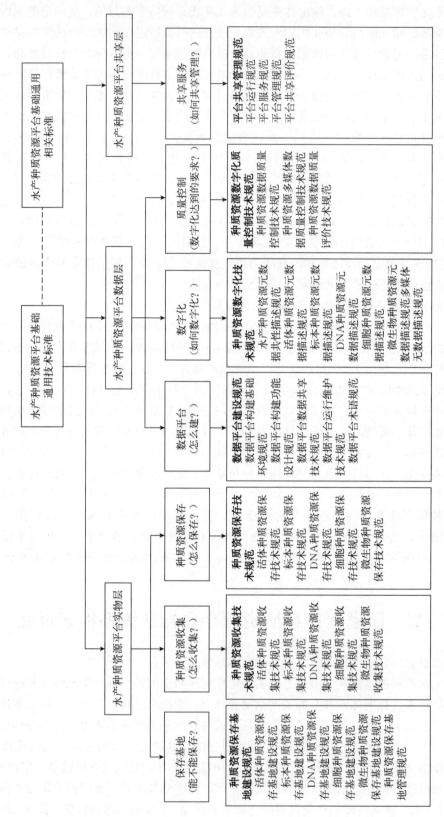

图3-1 国家水产种质资源平台标准体系框架结构图（第一版）

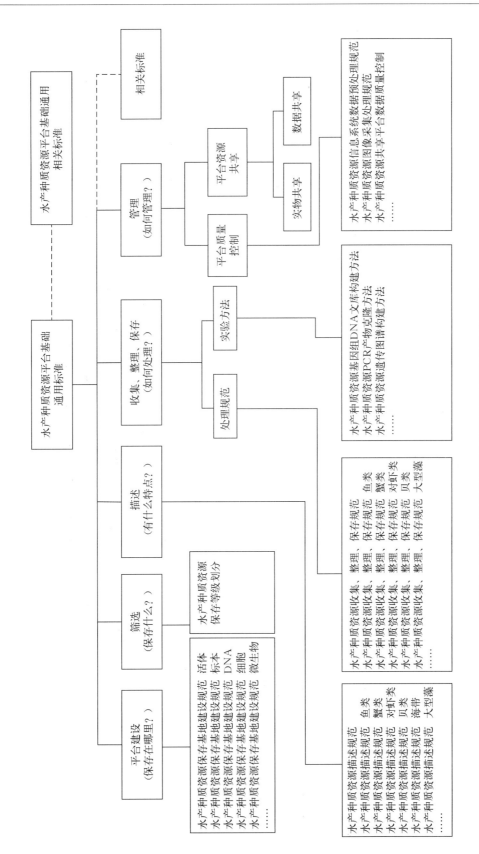

图3-2 国家水产种质资源平台标准体系框架结构图（第二版）

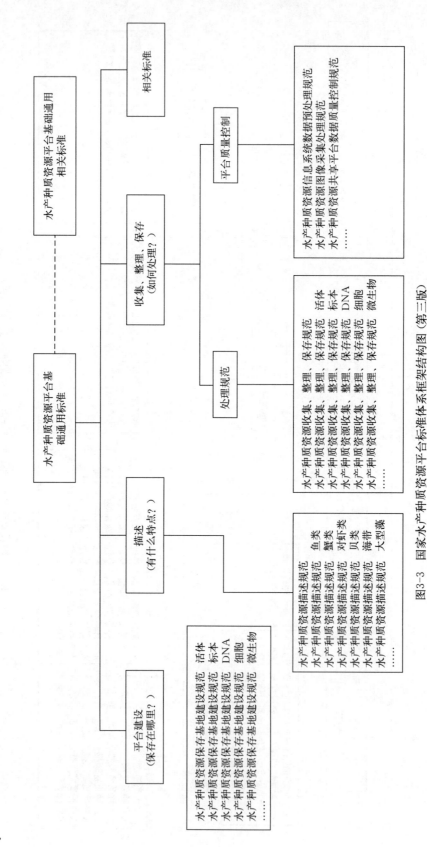

图3-3 国家水产种质资源平台标准体系框架结构图（第三版）

制形成了第二版标准体系框架结构图（3－2）；同月，在全国水产标准化技术委员会组织召开的渔业综合标准体系研究项目启动会上就修改完善的第二版标准体系框架结构图进行了专题汇报，会后进一步完善形成了第三版标准体系框架结构图（图3－3）；2017年5～8月，主要开展平台标准体系中相关标准的搜集和整理，以及相关法律法规、部门规章制度和主要参考文献的查新和整理；2017年9月，参与西北地区水产种质资源专题服务研讨会，针对国家水产种质资源平台深度开发与建设、标准体系顶层设计与平台运行实际的结合、平台标准体系与其他渔业相关标准体系的衔接和区分等重点问题展开研讨；2017年11月，针对平台标准体系顶层设计与全国水标委海水、淡水养殖分技委有关标准体系构建冲突的问题，在广州组织召开了研讨会，分析并解决了矛盾，形成会议纪要；2017年12月，开展了2项基础通用标准的专家意见征集工作，进一步梳理了体系标准明细设置以及相关标准优化。

国家水产种质资源平台的三大主要任务就是：种质资源的描述、收集、保存，平台建设和平台共享服务。基于平台的主要任务，其对应的标准体系建设应主要解决3个问题：种质资源保存在哪里？种质资源有何特点？种质资源如何处理？依据平台建设的程序和生命周期，筛选编制出水产种质资源描述规范要素汇总对比表、水产种质资源收集保存规范性技术要素汇总对比表、水产种质资源数据共享录入规范要素汇总对比表，通过主要活动要素的区分和整合，对需标准化的要素进行归类，提取共性要素，明确标准化对象，形成具体的标准名称和标准主要技术内容。

# 第三节　国家水产种质资源平台标准体系标准体系表

依据《标准体系表编制原则和要求》（GB/T 13106—2009）绘制了国家水产种质资源平台标准体系框架结构图；在完成的框架图基础上，依据《科技成果转化为标准指南》（GB/T 33450—2016），结合调研、论证等情况完成了国家水产种质资源平台标准体系表。本节初步筛选并确定了水产种质资源标准制修订明细表，初步搭建完成国家水产种质资源标准体系。

国家水产种质资源平台标准体系表如表3－1所示，国家水产种质资源平台标准体系相关标准如表3－2所示。

表3－1　国家水产种质资源平台标准体系标准体系表

| 类型 | 标准名称 | 标准代号 | 宜定级别 | 国际国外标准号及采用关系 | 被代替标准号或作废 | 备注 |
|---|---|---|---|---|---|---|
| 基础通用 | 水产种质资源平台建设规范　描述 | | 行业标准 | | | |
| | 水产种质资源平台建设规范　收集和保存 | | 行业标准 | | | |
| | 水产种质资源平台建设规范　术语 | | 行业标准 | | | |

（续）

| 类型 | 标准名称 | 标准代号 | 宜定级别 | 国际国外标准号及采用关系 | 被代替标准号或作废 | 备注 |
|---|---|---|---|---|---|---|
| 平台建设 | 水产种质资源保存基地建设规范 活体 | | 行业标准 | | | |
| | 水产种质资源保存基地建设规范 标本 | | 行业标准 | | | |
| | 水产种质资源保存基地建设规范 DNA | | 行业标准 | | | |
| | 水产种质资源保存基地建设规范 细胞 | | 行业标准 | | | |
| | 水产种质资源保存基地建设规范 微生物 | | 行业标准 | | | |
| 描述规范 | 水产种质资源描述规范 鱼类 | | 行业标准 | | | |
| | 水产种质资源描述规范 对虾类 | | 行业标准 | | | |
| | 水产种质资源描述规范 蟹类 | | 行业标准 | | | |
| | 水产种质资源描述规范 贝类 | | 行业标准 | | | |
| | 水产种质资源描述规范 海带 | | 行业标准 | | | |
| | 水产种质资源描述规范 大型藻 | | 行业标准 | | | |
| 处理规范 | 水产种质资源收集、整理、保存规范 活体 | | 行业标准 | | | |
| | 水产种质资源收集、整理、保存规范 标本 | | 行业标准 | | | |
| | 水产种质资源收集、整理、保存规范 DNA | | 行业标准 | | | |
| | 水产种质资源收集、整理、保存规范 细胞 | | 行业标准 | | | |
| | 水产种质资源收集、整理、保存规范 微生物 | | 行业标准 | | | |
| 平台质量控制 | 水产种质资源信息系统数据预处理规范 | | 行业标准 | | | |
| | 水产种质资源图像采集处理规范 | | 行业标准 | | | |
| | 水产种质资源共享平台数据质量控制规范 | | 行业标准 | | | |

表3-2　国家水产种质资源平台标准体系相关标准体系表

| 序号 | 标准名称 | 标准代号 | 国际国外标准号及采用关系 | 被代替标准号或作废 | 备注 |
|---|---|---|---|---|---|
| 1 | 海水水质标准 | GB 3097—1997 | | | |
| 2 | 国际单位制及其应用 | GB 3100—1993 | | | |
| 3 | 有关量、单位和符号的一般原则 | GB 3101—1993 | | | |
| 4 | （所有部分）量和单位［ISO31（所有部分）] | GB 3102—1993 | ISO 31：1992 等效采用 | GB 3102—1986 | |
| 5 | 青鱼、草鱼、鲢、鳙　亲鱼 | GB/T 5055—2008 | | GB/T 5055—1997 | |
| 6 | 分析实验室用水规格和试验方法 | GB/T 6682—2008 | ISO 3696：1987 修改采用 | GB/T 6682—1992 | |
| 7 | 水质　pH值的测定　玻璃电极法 | GB/T 6920—1986 | | | |
| 8 | 水质　钙的测定　EDTA滴定法 | GB/T 7476—1987 | ISO 6058：1987 等效采用 | | |
| 9 | 水质　钙和镁总量的测定　EDTA滴定法 | GB/T 7477—1987 | ISO 6058—1984 等效采用 | | |
| 10 | 水质　铵的测定　纳氏试剂比色法 | GB/T 7479—1987 | | | |
| 11 | 水质　硝酸盐氮的测定　酚二磺酸分光光度法 | GB/T 7480—1987 | | | |
| 12 | 水质　溶解氧的测定　碘量法 | GB/T 7489—1987 | ISO 5813：1983 等效采用 | | |
| 13 | 水质　亚硝酸盐氮的测定　分光光度法 | GB/T 7493—1987 | ISO 6777：1984 等效采用 | | |
| 14 | 信息与文献　参考文献著录规则 | GB/T 7714—2015 | ISO 690：2010 非等效采用 | GB/T 7714—2005 | |
| 15 | 数值修约规则 | GB/T 8170—2008 | | GB/T 8170—1987 | |
| 16 | 渔业资源基本术语 | GB/T 8588—2001 | | | |
| 17 | 青鱼鱼苗、鱼种 | GB/T 9956—2011 | | | |
| 18 | 团头鲂 | GB/T 10029—2010 | | GB/T 10029—2000 | |
| 19 | 团头鲂鱼苗、鱼种 | GB/T 10030—2006 | | GB/T 10030—1988 | |
| 20 | 渔业水质标准 | GB 11607—1989 | | | |
| 21 | 草鱼鱼苗、鱼种 | GB/T 11776—2006 | | GB/T 11776—1989 | |
| 22 | 鲢鱼苗、鱼种 | GB/T 11777—2006 | | GB/T 11777—1989 | |
| 23 | 鳙鱼苗、鱼种 | GB/T 11778—2006 | | GB/T 11778—1989 | |
| 24 | 水质　凯氏氮的测定 | GB/T 11891—1989 | ISO 5663：1984 等效采用 | | |
| 25 | 水质　高锰酸盐指数的测定 | GB/T 11892—1989 | ISO 8467：1986 等效采用 | | |

（续）

| 序号 | 标准名称 | 标准代号 | 国际国外标准号及采用关系 | 被代替标准号或作废 | 备注 |
|---|---|---|---|---|---|
| 26 | 水质 总磷的测定 钼酸铵分光光度法 | GB/T 11893—1989 | | | |
| 27 | 水质 总氮的测定 碱性过硫酸钾消解紫外分光光度法 | GB/T 11894—1989 | ISO 5663：1984 等效采用 | | |
| 28 | 水质 氯化物的测定 硝酸银滴定法 | GB/T 11896—1989 | | | |
| 29 | 水质 硫酸盐的测定 重量法 | GB/T 11899—1989 | ISO 9280：1988 非等效采用 | | |
| 30 | 水质 钾和钠的测定 火焰原子吸收分光光度法 | GB/T 11904—1989 | | | |
| 31 | 水质 溶解氧的测定 电化学探头法 | GB/T 11913—1989 | ISO 8514：1984 等效采用 | | |
| 32 | 海洋调查规范 | GB/T 12763—2007 | | | |
| 33 | 水质采样 样品的保存和管理技术规定 | GB/T 12999—1991 | ISO 5667—3：1985 等效采用 | | |
| 34 | 饲料卫生标准 | GB 13078—2017 | | GB 13078—2001 | |
| 35 | 水质 水温的测定 温度计或颠倒温度计测定法 | GB/T 13195—1991 | | | |
| 36 | 校对符号及其用法 | GB/T 14706—1993 | ISO 5776：1983 非等效采用 | | |
| 37 | 图像复制用校对符号 | GB/T 14707—1993 | DIN 16549 等效采用 | | |
| 38 | 中国对虾 亲虾 | GB/T 15101.1—2008 | | GB/T 15101.1—1994 | |
| 39 | 中国对虾 苗种 | GB/T 15101.2—2008 | | GB/T 15101.2—1994 | |
| 40 | 信息处理系统 计算机图形 存储和传送图片描述信息的元文卷 第一部分：功能描述 | GB/T 15121.1—1994 | ISO 8632—1：1987 等同采用 | | |
| 41 | 海带养殖夏苗苗种 | GB/T 15807—2008 | | GB/T 15807—1995 | |
| 42 | 水质 硫化物的测定 亚甲基蓝分光光度法 | GB/T 16489—1996 | | | |
| 43 | 梭鱼亲鱼和鱼种 | GB/T 16871—2008 | | GB/T 16871—1997 | |
| 44 | 栉孔扇贝 苗种 | GB/T 16872—2008 | | GB/T 16872—1997 | |
| 45 | 散装镜鲤 | GB/T 16873—2006 | | GB/T 16873—1997 | |
| 46 | 方正银鲫 | GB/T 16874—2006 | | GB/T 16874—1997 | |
| 47 | 兴国红鲤 | GB/T 16875—2006 | | GB/T 16875—1997 | |
| 48 | 草鱼 | GB/T 17715—1999 | | | |
| 49 | 青鱼 | GB/T 17716—1999 | | | |

（续）

| 序号 | 标准名称 | 标准代号 | 国际国外标准号及采用关系 | 被代替标准号或作废 | 备注 |
|---|---|---|---|---|---|
| 50 | 鲢 | GB/T 17717—1999 | | | |
| 51 | 鳙 | GB/T 17718—1999 | | | |
| 52 | 彭泽鲫 | GB/T 18395—2010 | | GB/T 18395—2001 | |
| 53 | 养殖鱼类种质检验　第1部分：检验规则 | GB/T 18654.1—2008 | | GB/T 18654.1—2002 | |
| 54 | 养殖鱼类种质检验　第2部分：抽样方法 | GB/T 18654.2—2008 | | GB/T 18654.2—2002 | |
| 55 | 养殖鱼类种质检验　第3部分：性状测定 | GB/T 18654.3—2008 | | GB/T 18654.3—2002 | |
| 56 | 养殖鱼类种质检验　第4部分：年龄与生长的测定 | GB/T 18654.4—2008 | | GB/T 18654.4—2002 | |
| 57 | 养殖鱼类种质检验　第5部分：食性分析 | GB/T 18654.5—2008 | | GB/T 18654.5—2002 | |
| 58 | 养殖鱼类种质检验　第6部分：繁殖性能的测定 | GB/T 18654.6—2008 | | GB/T 18654.6—2002 | |
| 59 | 养殖鱼类种质检验　第7部分：生态特性分析 | GB/T 18654.7—2008 | | GB/T 18654.7—2002 | |
| 60 | 养殖鱼类种质检验　第8部分：耗氧率与临界窒息点的测定 | GB/T 18654.8—2008 | | GB/T 18654.8—2002 | |
| 61 | 养殖鱼类种质检验　第9部分：含肉率测定 | GB/T 18654.9—2008 | | GB/T 18654.9—2002 | |
| 62 | 养殖鱼类种质检验　第10部分：肌肉营养成分的测定 | GB/T 18654.10—2008 | | GB/T 18654.10—2002 | |
| 63 | 养殖鱼类种质检验　第11部分：肌肉中主要氨基酸含量的测定 | GB/T 18654.11—2008 | | GB/T 18654.11—2002 | |
| 64 | 养殖鱼类种质检验　第12部分：染色体组型分析 | GB/T 18654.12—2008 | | GB/T 18654.12—2002 | |
| 65 | 梭鱼 | GB/T 19162—2011 | | GB 19162—2003 | |
| 66 | 牛蛙 | GB/T 19163—2010 | | GB 19163—2003 | |
| 67 | 实验室生物安全通用要求 | GB 19489—2008 | | GB 19489—2004 | |
| 68 | 奥尼罗非鱼亲本保存技术规范 | GB/T 19528—2004 | | | |
| 69 | 中国对虾 | GB/T 19782—2005 | | | |
| 70 | 中华绒螯蟹 | GB/T 19783—2005 | | | |
| 71 | 太平洋牡蛎 | GB/T 20552—2006 | | | |
| 72 | 三角帆蚌 | GB/T 20553—2006 | | | |

（续）

| 序号 | 标准名称 | 标准代号 | 国际国外标准号及采用关系 | 被代替标准号或作废 | 备注 |
|---|---|---|---|---|---|
| 73 | 海带 | GB/T 20554—2006 | | | |
| 74 | 日本沼虾 | GB/T 20555—2006 | | | |
| 75 | 三疣梭子蟹 | GB/T 20556—2006 | | | |
| 76 | 中华鳖 | GB/T 21044—2007 | | | |
| 77 | 大口黑鲈 | GB/T 21045—2007 | | | |
| 78 | 条斑紫菜 | GB/T 21046—2007 | | | |
| 79 | 眼斑拟石首鱼 | GB/T 21047—2007 | | | |
| 80 | 科技平台 元数据标准化基本原则与方法 | GB/T 30522—2014 | | | |
| 81 | 科技平台 资源核心元数据 | GB/T 30523—2014 | | | |
| 82 | 科技平台 元数据注册与管理 | GB/T 30524—2014 | | | |
| 83 | 科技平台标准化工作指南 | GB/Z 30525—2014 | | | |
| 84 | 科技平台 一致性测试的原则与方法 | GB/T 31071—2014 | | | |
| 85 | 科技平台 统一身份认证 | GB/T 31072—2014 | | | |
| 86 | 科技平台 服务核心元数据 | GB/T 31073—2014 | | | |
| 87 | 科技平台 数据元设计与管理 | GB/T 31074—2014 | | | |
| 88 | 科技平台 通用术语 | GB/T 31075—2014 | | | |
| 89 | 科技平台 元数据汇交业务流程 | GB/T 32845—2016 | | | |
| 90 | 科技平台 元数据汇交报文格式的设计规则 | GB/T 32846—2016 | | | |
| 91 | 科技平台 大型科学仪器设备分类与代码 | GB/T 32847—2016 | | | |
| 92 | 淡水鱼苗种池塘常规培育技术规范 | SC/T 1008—2012 | | SC/T 1008—1994 | |
| 93 | 荷包红鲤 | SC 1019—1997 | | | |
| 94 | 尼罗罗非鱼 | SC 1027—2016 | | SC 1027—1998 | |
| 95 | 革胡子鲇养殖技术规范 亲鱼 | SC/T 1029.1—1999 | | | |
| 96 | 革胡子鲇养殖技术规范 鱼苗鱼种质量要求 | SC/T 1029.4—1999 | | | |
| 97 | 虹鳟养殖技术规范 亲鱼 | SC/T 1030.1—1999 | | | |
| 98 | 斑点叉尾鮰 | SC/T 1031—2001 | | | |
| 99 | 鳜养殖技术规范 亲鱼 | SC/T 1032.1—1999 | | | |
| 100 | 鳜养殖技术规范 苗种 | SC/T 1032.5—1999 | | | |
| 101 | 罗氏沼虾养殖技术规范 亲虾 | SC/T 1033.1—1999 | | | |
| 102 | 黑龙江鲤 | SC/T 1034—1999 | | | |
| 103 | 德国镜鲤选育系（F4） | SC/T 1035—1999 | | | |
| 104 | 虹鳟 | SC/T 1036—2000 | | | |

（续）

| 序号 | 标准名称 | 标准代号 | 国际国外标准号及采用关系 | 被代替标准号或作废 | 备注 |
|---|---|---|---|---|---|
| 105 | 鲂 | SC/T 1037—2000 | | | |
| 106 | 鳜 | SC/T 1038—2000 | | | |
| 107 | 南方鲇 | SC/T 1039—2000 | | | |
| 108 | 长吻鮠 | SC/T 1040—2000 | | | |
| 109 | 瓦氏黄颡鱼 | SC/T 1041—2000 | | | |
| 110 | 奥利亚罗非鱼 | SC/T 1042—2000 | | | |
| 111 | 黄河鲤 | SC 1043—2001 | | | |
| 112 | 尼罗罗非鱼养殖技术规范　鱼苗、鱼种 | SC/T 1044.3—2001 | | | |
| 113 | 奥利亚罗非鱼　亲鱼 | SC/T 1045—2001 | | | |
| 114 | 奥尼罗非鱼制种技术要求 | SC/T 1046—2001 | | | |
| 115 | 颖鲤养殖技术规范　亲鱼 | SC/T 1048.1—2001 | | | |
| 116 | 颖鲤养殖技术规范　苗种 | SC/T 1048.3—2001 | | | |
| 117 | 南方鲇养殖技术规范　亲鱼 | SC/T 1050—2002 | | | |
| 118 | 南方鲇养殖技术规范　苗种 | SC/T 1051—2002 | | | |
| 119 | 乌鳢 | SC/T 1052—2002 | | | |
| 120 | 短盖巨脂鲤 | SC 1053—2002 | | | |
| 121 | 罗氏沼虾 | SC/T 1054—2002 | | | |
| 122 | 日本鳗鲡鱼苗、鱼种 | SC/T 1055—2006 | | | |
| 123 | 长吻鮠养殖技术规范　亲鱼 | SC/T 1060—2002 | | | |
| 124 | 长吻鮠养殖技术规范　苗种 | SC/T 1061—2002 | | | |
| 125 | 松浦银鲫 | SC/T 1062—2003 | | | |
| 126 | 青海湖裸鲤 | SC 1063—2003 | | | |
| 127 | 大口牛胭脂鱼 | SC 1064—2003 | | | |
| 128 | 养殖鱼类品种命名规则 | SC/T 1065—2003 | | | |
| 129 | 大银鱼 | SC 1067—2004 | | | |
| 130 | 暗纹东方鲀 | SC 1068—2004 | | | |
| 131 | 暗纹东方鲀养殖技术规范　第1部分：亲鱼 | SC/T 1069.1—2004 | | | |
| 132 | 黄颡鱼 | SC 1070—2004 | | | |
| 133 | 欧洲鳗鲡 | SC 1071—2006 | | | |
| 134 | 鲫鱼配合饲料 | SC/T 1076—2004 | | | |
| 135 | 建鲤鱼种技术规范　第1部分：亲鱼 | SC/T 1080.1—2006 | | | |
| 136 | 建鲤养殖技术规范　第3部分：鱼苗、鱼种 | SC/T 1080.3—2006 | | | |
| 137 | 水产养殖的量、单位、符号 | SC/T 1088—2007 | | | |

（续）

| 序号 | 标准名称 | 标准代号 | 国际国外标准号及采用关系 | 被代替标准号或作废 | 备注 |
|---|---|---|---|---|---|
| 138 | 怀头鲇 | SC 1090—2006 | | | |
| 139 | 短盖巨脂鲤 亲鱼 | SC/T 1096—2007 | | | |
| 140 | 短盖巨脂鲤 鱼苗、鱼种 | SC/T 1097—2007 | | | |
| 141 | 刺参增养殖技术规范 亲参 | SC/T 2003.1—2000 | | | |
| 142 | 刺参增养殖技术规范 苗种 | SC/T 2003.2—2000 | | | |
| 143 | 皱纹盘鲍增养殖技术规范 亲鲍和苗种 | SC/T 2004—2014 | | SC/T 2004.1—2000<br>SC/T 2004.2—2000 | |
| 144 | 皱纹盘鲍 | SC 2011—2004 | | | |
| 145 | 三疣梭子蟹 亲蟹 | SC/T 2014—2003 | | | |
| 146 | 三疣梭子蟹 苗种 | SC/T 2015—2003 | | | |
| 147 | 红鳍东方鲀 亲鱼和苗种 | SC/T 2017—2006 | | | |
| 148 | 红鳍东方鲀 | SC 2018—2010 | | SC 2018—2004 | |
| 149 | 真鲷 | SC 2022—2004 | | | |
| 150 | 种海带 | SC/T 2024—2006 | | | |
| 151 | 太平洋牡蛎 亲贝 | SC/T 2026—2007 | | | |
| 152 | 太平洋牡蛎 苗种 | SC/T 2027—2007 | | | |
| 153 | 虾夷扇贝 | SC 2032—2006 | | | |
| 154 | 虾夷扇贝 苗种 | SC/T 2034—2006 | | | |
| 155 | 海湾扇贝 亲贝和苗种 | SC/T 2038—2006 | | | |
| 156 | 水产养殖用海洋微藻保种操作技术规范 | SC/T 2047—2006 | | | |
| 157 | 大黄鱼 亲鱼 | SC/T 2049.1—2006 | | | |
| 158 | 大黄鱼 鱼苗鱼种 | SC/T 2049.2—2006 | | | |
| 159 | 花鲈 | SC 2050—2007 | | | |
| 160 | 大菱鲆 | SC 2051—2007 | | | |
| 161 | 魁蚶 | SC 2052—2007 | | | |
| 162 | 凡纳滨对虾 | SC 2055—2006 | | | |
| 163 | 青蛤 | SC/T 2056—2006 | | | |
| 164 | 渔业生态环境监测规范 第1部分：总则 | SC/T 9102.1—2007 | | | |
| 165 | 渔业生态环境监测规范 第2部分：海洋 | SC/T 9102.2—2007 | | | |
| 166 | 渔业生态环境监测规范 第3部分：淡水 | SC/T 9102.3—2007 | | | |
| 167 | 渔业生态环境监测规范 第4部分：资料处理与报告编制 | SC/T 9102.4—2007 | | | |
| 168 | 水库渔业资源调查规范 | SL 167—2014 | | SL 167—1996 | |

# 第四章
# 水产新品种认定配套标准体系研究

水产新品种认定是水产种业及水产健康养殖的重要组成部分。目前，因缺乏系统的标准体系研究，存在立项标准的系统性、配套性不强，立项标准不准确，相关标准缺失严重等问题，标准为行业依法行政和产业健康发展的支撑作用难以体现，标准化的整体效能不高。因此，为贯彻落实《国务院关于印发深化标准化工作改革方案的通知》（国发〔2015〕13号）的要求，更好地为渔业现代化建设提供标准化支撑服务，亟须围绕渔业现代化建设的各项重要工作开展综合标准体系研究，其中，水产新品种认定标准体系研究是综合标准体系研究的重要和基础组成部分。本章主要概述水产新品种认定配套标准情况及其体系研究的必要性、标准体系研究课题简况及其研究过程，初步筛选并确定了水产新品种认定配套标准体系，为制修订水产新品种认定标准提供参考。

## 第一节　水产新品种认定配套标准情况
## 及其体系研究的必要性

本节主要概述水产新品种认定配套标准情况、水产新品种认定配套标准体系研究的必要性等内容。

### 一、国内外相关标准情况

我国目前尚未发布、实施水产新品种认定方面的标准，仅有《水产新品种审定技术规范》（SC/T 1116—2012）作为新品种审定时的评判依据。国外未查到相关标准。

### 二、水产新品种认定配套标准体系研究的必要性

标准是经济活动和社会发展的技术支撑，是国家治理体系和治理能力现代化的基础性制度。2015年3月，《国务院关于印发深化标准化工作改革方案的通知》（国发〔2015〕13号）要求着力解决标准体系不完善、管理体制不顺畅等问题，加快构建新型标准化体系。《国务院办公厅关于印发国家标准化体系建设发展规划（2016—2020年）的通知》（国办发〔2015〕89号）中也明确提出"推动实施标准化战略，加快完善标准化体系，提升我国标准化水平"。水产新品种认定是水产种业及水产健康养殖的重要组成部分，目前，因缺乏系统

的标准体系研究，存在立项标准的系统性、配套性不强，立项标准不准确，相关标准缺失严重等问题，标准为行业依法行政和产业健康发展的支撑作用难以体现，标准化的整体效能不高，亟须开展水产新品种认定配套标准体系研究。通过研究，提出水产新品种认定标准体系框架和配套标准体系表，为水产标准化管理制定标准制修订规划和年度制修订计划提供技术支撑，为相关科研团队提出研究方向，为科研项目立项管理提供技术支撑。

## 第二节　水产新品种认定配套标准体系研究课题简况及其研究过程

本节主要概述水产新品种认定配套标准体系研究课题简况及其研究过程等内容。

### 一、水产新品种认定配套标准体系研究课题简况

水产新品种认定配套标准体系研究源自中国水产科学研究院基本科研业务费专项课题"水产新品种认定配套标准体系研究"（课题编号：2017JC0204）；课题负责人为周瑞琼研究员；课题主持单位为中国水产科学研究院长江水产研究所；课题起止日期为 2017 年 1～12月。课题围绕水产新品种认定工作开展调研，了解水产新品种在认定、管理中存在的主要问题、涉及的主要技术环节和主要要素，对各要素进行研究分析，确定哪些要素需要标准化，研究提出标准体系框架，以及应有、已有及还应制定的配套标准目录。构建水产新品种认定标准体系，使水产新品种认定工作更加科学、规范、客观、公正，以促进我国水产原、良种产业的健康、有序发展；为水产标准化管理部门编制标准制修订规划和年度制修订计划提供技术支撑；为相关科研团队提出研究方向；为科研项目立项管理提供技术支撑。

### 二、水产新品种认定配套标准体系研究过程

**1. 研究内容**

围绕水产新品种认定中，涉及的鱼、虾、蟹、贝、藻、龟、鳖、蛙等各类生物新品种的测试环境，生物属性（如生物学性状）的测定，遗传学特征（包括细胞遗传学、生化遗传学及分子遗传学）的测定，能体现新品种优良性状的抗病性（包括病毒性疾病、细菌性疾病、真菌性疾病及寄生虫性疾病）的测试，饲料转化率测试，新品种对环境温度、盐度、酸碱性和溶解氧的适应性测试，性别测试，成活率测试，出肉率测试及产品品质测试等主要因子进行了分析和讨论，对目前水产新品种认定工作涉及的主要生长性能、生产性能测试需要的条件、涉及的要素等进行了汇总，对不同种类的水产品在同一性能测试时需要的条件和涉及的要素进行比对分析，在此基础上，提出水产新品种认定标准体系框架和所需配套标准目录。

**2. 研究方法和步骤**

（1）2017 年课题组先后到农业部渔业渔政管理局养殖处、农业部淡水鱼类种质监督检验测试中心（武汉）、农业部水产种质监督检验测试中心（广州）、农业部水产种质与环境监督检验测试中心（青岛）、农业部渔业产品质量监督检验测试中心（烟台）、农业部渔业环境及水产品质量监督检验测试中心（哈尔滨）和农业部渔业产品质量监督检验测试中心（南

宁）等与水产新品种认定相关的部级检测中心走访调研（图4-1）。走访收集的相关资料，包括相关法律法规，如《中华人民共和国渔业法》《水产原、良种审定办法》（农渔发〔1998〕2号）、《水产苗种管理办法》（中华人民共和国农业部令第46号）；相关标准30余项，如《水产新品种审定技术规范》（SC/T 1116—2012）、《养殖鱼类品种命名规则》（SC 1065—2003）、《水产养殖术语》（GB/T 22213—2008）、《渔业水质标准》（GB 11607—1989）等；其他相关资料，如全国水产原种和良种审定委员会公布的"十二五（2011—2015）通过审定的水产新品种（68个）"和"通过审定的水产新品种数据库（包括1996—2016年全部168个）"等，并对上述资料进行汇总分析、讨论，初步绘制出标准体系框架图，确定了标准体系组成的基本模块。

图4-1　课题组赴农业部渔业产品质量监督检验测试中心（南宁）调研（2017年）

（2）2017年4～7月，课题组成员召开3次研讨会，对标准体系总体框架及框架中各模块进行逐一讨论，以确定标准化对象涉及的主要要素，以及哪些要素需要标准化（图4-2、图4-3）。

图4-2　课题研讨会（北京）

图4-3　课题组内部研讨会（武汉）

（3）课题组修改、完善标准体系框架，提出应有、已有以及还需制修订的标准目录，并讨论确定标准名称，完成标准体系表，最终完成了标准体系的框架结构图和与框架结构图中各模块一一对应的由 13 个类别标准组成的标准体系表，以及水产新品种认定配套标准统计表。

（4）2017 年 10 月，课题组在湖北武汉组织召开了水产新品种认定配套标准体系研讨会，邀请全国水产原种和良种审定委员会部分专家和农业部淡水鱼类种质监督检验测试中心（武汉）、农业部水产种质监督检验测试中心（广州）、农业部水产种质与环境监督检验测试中心（青岛）和农业部渔业产品质量监督检验测试中心（烟台）的主要技术负责人以及支撑课题研究的科研团队，共 20 人，共同对水产新品种认定配套标准体系进行了研讨（图 4-4），初步确立了标准体系表各组成部分的内容，并确立了水产新品种测试类别标准的基本框架。

图 4-4　课题专题研讨会（武汉）

（5）课题组起草完成水产新品种认定标准体系研究报告。

# 第三节　水产新品种认定配套标准体系框架与体系表

课题组在明确各标准化对象、要素后，构建水产新品种认定标准时，应统筹考虑标准体系的完整性、科学性和统一性。一个完整、配套的标准体系应包括基础标准、产品标准、检验方法标准等。课题组在研究分析了各标准化对象及要素之间内在的关系，明确了标准体系中各要素在体系框架中的位置及层级，按照《标准体系构建原则和要求》（GB/T 13016—2009）中层次结构的示例，完成了水产新品种认定配套标准体系标准体系表。本节主要概述水产新品种认定配套标准体系框架结构图、标准体系表及其标准统计表。

## 一、水产新品种认定配套标准体系框架结构图

水产新品种认定配套标准体系框架结构图如图 4-5 所示。本框架结构图分为 3 个层次，第一层次为各类水产新品种认定通用的基础标准，有"水产新品种认定基础标准"和"水产新品种认定相关标准"两个方框，彼此间用虚线连接，编号为 101 和 102。水产新品种认定基础标准包括《水产新品种审定技术规范》（SC/T 1116—2012）、《养殖鱼类品种命名规则》（SC 1065—2003）、《水产新品种性状测试　总则》和《水产新品种性状一致性测试》等标

准。水产新品种认定相关标准有适宜测试生物生长环境的《渔业水质标准》（GB 11607—1989）、《无公害农产品 淡水养殖产地环境条件》（NY/T 5361—2016）和《无公害食品 海水养殖产地环境条件》（NY/T 5362—2010）等。

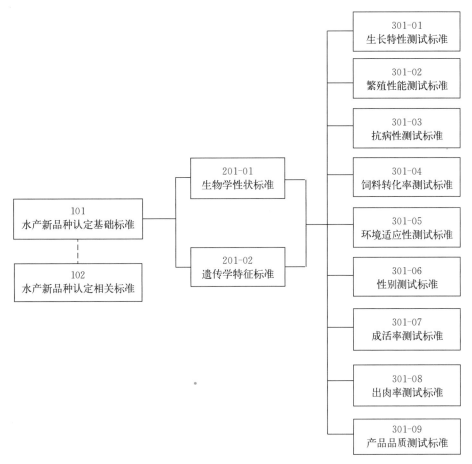

图 4-5 水产新品种认定配套标准体系框架结构图

本框架结构图的第二层次为第一层次下相对个性的类别标准，分为"生物学性状标准"（编号为 201-01）和"遗传学特征标准"（编号为 201-02）两个方框。两类标准中包括需测试的鱼、虾、蟹、贝、藻、龟、鳖、蛙等生物的个性生物学性状测定方法标准，共 9 项；以及测试生物的包括细胞遗传学、生化遗传学和分子遗传学特征的测定方法标准，共 9 项。

本框架结构图的第三层次为具体的测试标准，即个性标准，由常见的体现新品种优良性状的生长特性、繁殖性能、抗病性、饲料转化率、环境适应性、性别、成活率、出肉率及产品品质等测试标准组成，按鱼、虾、蟹、贝、藻、龟、鳖、蛙等类别分别制定各种性状、各种类别的测试标准。其中，各类生物生长特性测试标准编号为 301-01，共 7个标准；繁殖性能测试标准编号为 301-02，共 6 个标准；抗病性测试标准编号为 301-03，共 4 个标准；饲料转化率测试标准编号为 301-04，共 4 个标准；环境适应性测试标准编号为 301-05，共 4 个标准；性别测试标准编号为 301-06，共 6 个标准；成活率测试标准编号为 301-07，共 6 个标准；出肉率测试标准编号为 301-08，共 5 个标准；产品品质测试标准编号为 301-09，共 5 个标准。

## 二、水产新品种认定配套标准体系标准体系表

水产新品种认定配套标准体系表由与框架结构图各模块一一对应的 13 个表组成。其中，表 4-1、表 4-2 共包含 7 个标准，属框架结构图中第一层次的水产新品种认定基础标准和相关标准；表 4-3、表 4-4 共包含 18 个标准，属框架结构图中第二层次的生物学性状标准和遗传学特征标准；表 4-5 至表 4-13 共包含 47 个标准，属框架结构图中第三层次的各性状、类别测试标准。

表 4-1　101 水产新品种认定基础标准

| 序号 | 标准号 | 标准名称 | 宜定级别 | 备注 |
|---|---|---|---|---|
| 1 | SC/T 1116—2012 | 水产新品种审定技术规范 | 行业标准 | |
| 2 | SC 1065—2003 | 养殖鱼类品种命名规则 | 行业标准 | 拟修订为：水产新品种命名规则 |
| 3 | | 水产新品种性状测试　总则 | 行业标准 | |
| 4 | | 水产新品种性状一致性测试 | 行业标准 | |

表 4-2　102 水产新品种认定相关标准

| 序号 | 标准号 | 标准名称 | 宜定级别 | 备注 |
|---|---|---|---|---|
| 1 | GB 11607—1989 | 渔业水质标准 | 国家标准 | |
| 2 | NY/T 5361—2016 | 无公害农产品　淡水养殖产地环境条件 | 行业标准 | |
| 3 | NY 5362—2010 | 无公害食品　海水养殖产地环境条件 | 行业标准 | |

表 4-3　201-01 生物学性状标准

| 序号 | 标准号 | 标准名称 | 宜定级别 | 备注 |
|---|---|---|---|---|
| 1 | GB/T 18654.3—2008 | 养殖鱼类种质检验　第 3 部分：性状测定 | 国家标准 | |
| 2 | SC/T 1102—2008 | 虾类性状测定 | 行业标准 | |
| 3 | | 贝类性状测定 | 行业标准 | |
| 4 | | 藻类性状测定 | 行业标准 | |
| 5 | GB/T 25884—2010 | 蛙类形态性状测定 | 国家标准 | |
| 6 | | 鳖类性状测定 | 行业标准 | |
| 7 | | 蟹类性状测定 | 行业标准 | |
| 8 | GB/T 18654.4—2008 | 养殖鱼类种质检验　第 4 部分：年龄与生长的测定 | 国家标准 | |
| 9 | GB/T 18654.6—2008 | 养殖鱼类种质检验　第 6 部分：繁殖性能的测定 | 国家标准 | |

**表 4 - 4　201 - 02 遗传学特征标准**

| 序号 | 标准号 | 标准名称 | 宜定级别 | 备注 |
|---|---|---|---|---|
| 1 | GB/T 18654.12—2008 | 养殖鱼类种质检验　第 12 部分：染色体组型分析 | 国家标准 | |
| 2 | | 虾、蟹类染色体组型分析 | 行业标准 | |
| 3 | | 贝类染色体组型分析 | 行业标准 | |
| 4 | | 藻类染色体组型分析 | 行业标准 | |
| 5 | GB/T 34727 - 2017 | 龟类种质测定 | 国家标准 | |
| 6 | | 鳖类种质测定 | 行业标准 | |
| 7 | GB/T 18654.13—2008 | 养殖鱼类种质检验　第 13 部分：同工酶电泳分析 | 国家标准 | |
| 8 | GB/T 18654.14—2008 | 养殖鱼类种质检验　第 14 部分：DNA 含量的测定 | 国家标准 | |
| 9 | GB/T 18654.15—2008 | 养殖鱼类种质检验　第 15 部分：RAPD 分析 | 国家标准 | |

**表 4 - 5　301 - 01 生长特性测试标准**

| 序号 | 标准号 | 标准名称 | 宜定级别 | 备注 |
|---|---|---|---|---|
| 1 | | 水产新品种生长性状测试　鱼类 | 行业标准 | |
| 2 | | 水产新品种生长性状测试　虾类 | 行业标准 | |
| 3 | | 水产新品种生长性状测试　蟹类 | 行业标准 | |
| 4 | | 水产新品种生长性状测试　贝类 | 行业标准 | |
| 5 | | 水产新品种生长性状测试　大型藻类 | 行业标准 | |
| 6 | | 水产新品种生长性状测试　龟鳖类 | 行业标准 | |
| 7 | | 水产新品种生长性状测试　蛙类 | 行业标准 | |

**表 4 - 6　301 - 02 繁殖性能测试标准**

| 序号 | 标准号 | 标准名称 | 宜定级别 | 备注 |
|---|---|---|---|---|
| 1 | | 水产新品种繁殖力测试　鱼类 | 行业标准 | |
| 2 | | 水产新品种繁殖力测试　虾类 | 行业标准 | |
| 3 | | 水产新品种繁殖力测试　蟹类 | 行业标准 | |
| 4 | | 水产新品种繁殖力测试　贝类 | 行业标准 | |
| 5 | | 水产新品种繁殖力测试　龟鳖类 | 行业标准 | |
| 6 | | 水产新品种繁殖力测试　蛙类 | 行业标准 | |

**表 4 - 7　301 - 03 抗病性测试标准**

| 序号 | 标准号 | 标准名称 | 宜定级别 | 备注 |
|---|---|---|---|---|
| 1 | | 水产新品种抗病性测试　病毒性疾病 | 行业标准 | |
| 2 | | 水产新品种抗病性测试　细菌性疾病 | 行业标准 | |
| 3 | | 水产新品种抗病性测试　真菌性疾病 | 行业标准 | |
| 4 | | 水产新品种抗病性测试　寄生虫病 | 行业标准 | |

**表 4 - 8　301 - 04 饲料转化率测试标准**

| 序号 | 标准号 | 标准名称 | 宜定级别 | 备注 |
|---|---|---|---|---|
| 1 | | 水产新品种饲料转化率测试　鱼类 | 行业标准 | |
| 2 | | 水产新品种饲料转化率测试　虾蟹类 | 行业标准 | |
| 3 | | 水产新品种饲料转化率测试　龟鳖类 | 行业标准 | |
| 4 | | 水产新品种饲料转化率测试　蛙类 | 行业标准 | |

**表 4 - 9　301 - 05 环境适应性测试标准**

| 序号 | 标准号 | 标准名称 | 宜定级别 | 备注 |
|---|---|---|---|---|
| 1 | | 水产新品种环境适应性测试　温度 | 行业标准 | |
| 2 | | 水产新品种环境适应性测试　盐度 | 行业标准 | |
| 3 | | 水产新品种环境适应性测试　酸碱度 | 行业标准 | |
| 4 | | 水产新品种环境适应性测试　溶解氧 | 行业标准 | |

**表 4 - 10　301 - 06 性别测试标准**

| 序号 | 标准号 | 标准名称 | 宜定级别 | 备注 |
|---|---|---|---|---|
| 1 | | 水产新品种性别测试　鱼类 | 行业标准 | |
| 2 | | 水产新品种性别测试　虾类 | 行业标准 | |
| 3 | | 水产新品种性别测试　蟹类 | 行业标准 | |
| 4 | | 水产新品种性别测试　贝类 | 行业标准 | |
| 5 | | 水产新品种性别测试　龟鳖类 | 行业标准 | |
| 6 | | 水产新品种性别测试　蛙类 | 行业标准 | |

**表 4 - 11　301 - 07 成活率测试标准**

| 序号 | 标准号 | 标准名称 | 宜定级别 | 备注 |
|---|---|---|---|---|
| 1 | | 水产新品种养殖成活率测试　鱼类 | 行业标准 | |
| 2 | | 水产新品种养殖成活率测试　虾蟹类 | 行业标准 | |
| 3 | | 水产新品种养殖成活率测试　贝类 | 行业标准 | |

（续）

| 序号 | 标准号 | 标准名称 | 宜定级别 | 备注 |
|---|---|---|---|---|
| 4 | | 水产新品种养殖成活率测试　大型藻类 | 行业标准 | |
| 5 | | 水产新品种养殖成活率测试　龟鳖类 | 行业标准 | |
| 6 | | 水产新品种养殖成活率测试　蛙类 | 行业标准 | |

表 4-12　301-08 出肉率测试标准

| 序号 | 标准号 | 标准名称 | 宜定级别 | 备注 |
|---|---|---|---|---|
| 1 | | 水产新品种出肉率测试　鱼类 | 行业标准 | 参考《养殖鱼类种质检测　第9部分：含肉率测定》（GB/T 18654.9） |
| 2 | | 水产新品种出肉率测试　虾蟹类 | 行业标准 | |
| 3 | | 水产新品种出肉率测试　贝类 | 行业标准 | |
| 4 | | 水产新品种出肉率测试　龟鳖类 | 行业标准 | |
| 5 | | 水产新品种出肉率测试　蛙类 | 行业标准 | |

表 4-13　301-09 产品品质测试标准

| 序号 | 标准号 | 标准名称 | 宜定级别 | 备注 |
|---|---|---|---|---|
| 1 | | 水产新品种营养品质测试　蛋白质 | 行业标准 | |
| 2 | | 水产新品种营养品质测试　脂肪 | 行业标准 | |
| 3 | | 水产新品种营养品质测试　不饱和脂肪酸 | 行业标准 | |
| 4 | | 水产新品种营养品质测试　氨基酸 | 行业标准 | |
| 5 | | 水产新品种营养品质测试　碳水化合物 | 行业标准 | |

## 三、水产新品种认定配套标准体系标准统计表

标准体系中的标准统计表是体系表中必不可少的组成部分。水产新品种认定配套标准体系表中的标准分为两个层级，即国家标准和行业标准。其中，应有国家标准 10 个，全部已经发布实施，现有数与应有数之比为 100%；应有行业标准 62 个，5 个已经发布实施，现有数与应有数之比为 8.06%（表 4-14）。本体系中全部应有国家或行业标准为 72 个，已发布实施 15 个，现有数与应有数之比为 20.8%。

表 4-14　水产新品种认定标准统计表

| 标准层级 | 应有数（个） | 现有数（个） | 现有数/应有数（%） |
|---|---|---|---|
| 国家标准 | 10 | 10 | 100 |
| 行业标准 | 62 | 5 | 8.06 |
| 合计 | 72 | 15 | 20.8% |

从对标准统计表的分析来看，我国水产新品种认定的标准制修订工作任重而道远，有大量与之相关的基础研究工作需要广大科研人员不断地努力，为水产新品种认定提供技术支撑，促进新品种认定工作科学、有序地顺利开展。

## 四、水产行业标准制定项目

在上述水产新品种认定配套标准体系研究、建立的基础上，全国水产标准化技术委员会向行业主管部门提出了制定水产新品种认定标准的建议。2016—2017 年，农业部先以《农业部办公厅关于下达 2016 年农业行业标准制定和修订及农产品质量认证项目任务的通知》（农办质〔2016〕28 号）向中国水产科学研究院黄海水产研究所下达了《对虾新品种经济性状测定　生长速度》标准的制定任务，然后又以《农业部办公厅关于下达 2017 年农业国家、行业标准制定和修订项目任务的通知》（农办质〔2017〕25 号）向中国水产科学研究院长江水产研究所下达了《水产新品种生长性能测试　鱼类》标准的制定任务。这充分体现了要在科学系统地构建标准体系总体规划的前提下，有的放矢地逐步完成体系规划中个性标准的制定任务。

## 五、水产新品种认定标准编制框架

在上述水产新品种认定标准体系表建立的基础上，全国水产标准化技术委员会、全国水产原种和良种审定委员会及农业部相关检验测试中心的相关专家通过对全国水产标准化技术委员会淡水养殖分技术委员会组织的《对虾新品种经济性状测定　生长速度》标准送审材料的会议审查，共同研究讨论并最终确立了水产新品种认定测试标准的基本框架，对制定水产新品种认定测试的同类标准起到了引领和指南作用。

# 第五章

# 三北地区典型盐碱水池塘养殖与生态
# 修复技术系统标准体系研究

目前，我国有 6.9 亿亩*的低洼盐碱水域，由于高盐碱、高 pH 的原因，多数水体处于贫瘠荒芜的状态。既要利用好盐碱地，又能修复生态，同时还能产生经济效益，是当下的一个重要课题。近年来，我国提出"挖塘降水、抬土造田、渔农并重、修复生态"等盐碱治理新思路，大力实施治碱排水工程，有效遏制土地盐碱化；同时，大力发展现代休闲渔业，修复生态环境。本章主要概述三北地区典型盐碱水情况及其标准体系课题、分析了盐碱水水产养殖关键技术，初步筛选并确定了三北地区典型盐碱水池塘养殖与生态修复技术系统标准体系表，为制定盐碱水技术标准提供参考。

## 第一节　三北地区典型盐碱水情况及其
## 标准体系研究课题

本节主要概述我国三北地区盐碱水质类型及分布情况、三北地区典型盐碱水池塘养殖与生态修复技术系统标准体系研究课题等内容。

### 一、我国三北地区盐碱水质类型及分布情况调研

我国的盐碱水资源广泛分布于 17 个省份，主要分布在东北、华北、西北内陆地区，即三北地区。

**1. 东北地区**

东北地区的盐碱水资源主要分布在松嫩平原西部，西辽河平原冲积低地、丘陵间低地、封闭盆地及古河道等地区，辽西西侧的小柳河、绕阳河和大小凌河中下游地区，辽河平原北部的辽河中游河谷，辽河平原南部临渤海的滨海。东北地区的盐碱水以碳酸盐型为主。

**2. 华北地区**

华北地区盐碱水主要分布在滨海地区，内陆主要分布在黄淮海流域，主要是下游河道的改道迁徙影响海河水系和淮河水系的宣泄，使华北平原形成许多大小不等的浅平洼地。同

---

\* 亩为非法定计量单位，1 亩＝1/15hm²。

时，黄河下游是地上河，河水源源不断补充地下水，但由于地势平坦，地下径流滞缓，加上华北地区春雨只占全年降水 10% 左右，春旱时有发生，蒸发强烈，盐分积累导致盐碱化。其水质变化有以下规律：矿化度靠近黄河古道高，远离黄河古道低；靠近黄河古道以硫酸根、氯、钠三离子为主，远离古道以重碳酸根、钙、镁三离子为主；距古道 1 km，氯化钠、硫酸钠比重大，距古道 15 km，氯化钠、硫酸钠、碳酸钠比重大，距古道 30 km，碳酸镁、碳酸钙、碳酸钠比重大（王世贵等，1981）。

**3. 西北内陆地区**

西北内陆地区盐碱水主要分布在河套平原、河西走廊、青海、新疆、西藏等地区，主要来自天然盐碱水域以及因传统农业灌溉形成的次生盐碱水。该地区盐碱水的水化学组成比较复杂，与周边土壤理化性质有密切关系，水质类型以氯化物型和硫酸盐型为主，在盐度较低的盐碱水中有少量碳酸盐型存在。该区域盐碱水盐度跨度范围广，次生盐碱水盐度大多在 10 以下，天然盐碱水域盐度高的甚至可高达 80；pH 和碳酸盐碱度均偏高，pH 通常在 8～9，高的时候可达 9.8。

## 二、三北地区典型盐碱水池塘养殖与生态修复技术系统标准体系研究课题

**1. 课题来源**

三北地区典型盐碱水池塘养殖与生态修复技术系统标准体系研究源自中国水产科学研究院基本科研业务费专项课题"三北地区典型盐碱水池塘养殖与生态修复技术系统标准体系研究"（课题编号：2017JC0205）。课题实施以来，课题组根据我国三北地区盐碱水质特点，以高效利用资源和保护环境为目标，通过对三北地区典型盐碱水水产养殖与生态修复技术的分析和调研，了解该技术涉及的主要环节、关键技术、关键控制点及存在的主要问题，在保障水产品质量安全和生态环境安全的同时，编制盐碱水水产养殖的标准体系框架，给出近期需要制定的标准目录，促进三北地区盐碱地的生态修复和开发利用。

**2. 课题研究内容与方法**

"三北地区典型盐碱水池塘养殖与生态修复技术系统标准体系研究"课题的研究内容与方法如下：

- 通过查阅资料和实地考察，对我国盐碱水质类型及分布情况进行调研，初步了解了我国盐碱水质类型及分布情况；
- 通过对现有盐碱水水产养殖和生态修复技术的分析，掌握其技术流程和关键技术；
- 通过对技术流程和关键技术的分析，找出需要标准化的环节；
- 形成了盐碱水水产养殖标准体系框架结构图和标准目录表；
- 根据目前科研情况，给出了近期需要制定的标准目录；
- 《氯化物型盐碱水养殖水质改良调控技术》获 2018 年农业部标准专项立项。

## 第二节　盐碱水水产养殖关键技术分析研究

为实现盐碱水水产养殖，人们采取了开挖排碱渠、排碱涵洞等工程措施，采用了生物技

术等技术措施，提出了"挖塘降水、抬田造地、渔农并重、修复生态"等盐碱治理的新思路，开发了水质调控技术等盐碱水水产养殖关键技术。本节简要分析研究盐碱水水产养殖关键技术。

盐碱水水产养殖关键技术主要包括养殖密度、养殖模式、养殖品种和水质调控技术 4 个方面。

## 一、适宜的养殖密度

适宜的养殖密度是盐碱水养殖成功的重要因素。因为高密度养殖方式生物量大、排泄物多，很容易使池水富营养化。盐碱水养殖主要是利用地表水进行的，多数地方的地表水受到水资源的限制，与海水相比，不够丰富；同时，盐碱水的缓冲能力较差，不能满足高密度养殖对水质的要求，所以盐碱水养殖需要采取较低的养殖密度。

## 二、适宜的养殖模式

应因地制宜，选择适合当地情况的养殖模式，根据目前盐碱水水产养殖的实践，比较成熟的养殖模式主要有池塘-旱田养殖模式、池塘-稻田养殖模式、池塘-牧草养殖模式、稻-苇-鱼养殖模式、稻-鱼混养模式、鸭-鱼混养模式等。

## 三、盐碱水可养品种分析

盐碱地池塘养殖品种选择的原则是品种广盐性，耐高碱、高硬度能力强，生长速度快，抗病力强。对于水质盐度 1～3，碱度 100～200 mg/L 的微咸水池塘，适宜主养的品种有罗非鱼、梭鱼、鲫、鲤、南美白对虾、鲢、鳙、草鱼、河蟹等；对于水质盐度 3～5，碱度 150～200 mg/L 的咸水池塘，适宜主养的品种有罗非鱼、梭鱼、美国红鱼、鲫、鲤、南美白对虾等。

按照《盐碱地水产养殖用水水质》（SC/T 9406）的规定，Ⅰ类盐碱水质适宜养殖种类有草鱼、鲢、鳙、淡水白鲳、尼罗罗非鱼、黄河鲤、鲫、罗氏沼虾、日本沼虾、中华绒螯蟹等淡水鱼、虾、蟹类品种；Ⅱ类盐碱水质适宜养殖种类有以色列红罗非鱼、吉丽罗非鱼、梭鱼、鲈、漠斑牙鲆、西伯利亚鲟、史氏鲟、凡纳滨对虾、中国明对虾、日本囊对虾、斑节对虾、罗氏沼虾、拟穴青蟹等广盐性品种；Ⅲ类盐碱水质适宜养殖种类有青海湖裸鲤、雅罗鱼等耐盐碱鱼类以及藻类、卤虫、轮虫等。

## 四、水质调控技术

盐碱水属于咸水范畴，有别于海水。由于其成因与地理环境、地质土壤、气候等有关，所以盐碱水质的水化学组成复杂，类型繁多，不同区域盐碱水质中的主要离子比值和含量会有很大差别。另外，水质的缓冲能力较差，不具备海水水质中主要成分恒定的比值关系和稳定的碳酸盐缓冲体系。盐碱水质大都具有高 pH、高碳酸盐碱度、高离子系数和类型繁多的特点，给水产养殖带来了较大难度，直接影响着养殖生物的生存。盐碱水作为一种特殊资源用于水产养殖活动，水质调控是其要点也是难点。

**1. 放苗前的水质调控**

通过对盐碱地水产养殖用水 13 项指标（水温、气味、水色、比重、pH、$K^+$、$Na^+$、$Ca^{2+}$、$Mg^{2+}$、$Cl^-$、硫酸根、碳酸盐碱度、矿化度）的测定结果，针对养殖区不同水质类型进行综合水质调控和管理（包括生物、化学和物理等方面），维持良好的水域环境，减少病害发生。

**2. 养殖过程中的水质调控**

水质调控的好坏是养殖成败的关键。水质直接影响了养殖生物的生存和生长。要保持好的水质，关键是将水的温度、盐度、pH、碳酸盐碱度、营养盐因子和有益微生物等维持在合理的水平，避免出现应激反应造成对生物的伤害，进而导致各种继发性疾病暴发。水质调控包括以下几个方面（王慧，2014）：

• 降低水体浊度和黏度。控制适宜透明度，定期使用沸石粉等水质改良剂和水质保护剂，降低水体浑浊度和黏稠度，减少有机耗氧量。

• 稳定水色，保持合理的藻、菌相系统。定期向养殖水体投放光合细菌等微生态制剂，促进水体的微生态平衡。根据水色情况，不定时施肥。

• 视具体情况合理加水，在初春后要注重养殖池塘的蓄水。放苗后，根据条件许可和需要补充新水。每次加水的高度应控制在 10 cm 左右，以 10 d 加一次水为宜，以改善水质，促使对虾蜕壳和鱼类生长。

• 科学投饵，合理投喂。使用质高品优的饲料，避免劣质饲料引起有机质大量积累，导致池水污染。

• 定期消毒，在养殖过程中应坚持每 7～10 d 使用一次消毒剂，减少水质中的细菌总数。注意消毒剂应和生物制剂错开 5～7 d 使用，以免影响生物制剂的使用效果。

• 合理使用增氧机。一般半精养模式每 4.5 亩必须配备 3 kW 增氧机 1 台，有条件的地方可适当增加。养殖水体中保持较高的溶氧水平（5 mg/L 以上），可有效减少鱼虾的发病率，促进其生长。增氧机的使用要视天气情况、养殖密度、水质条件以及养殖生物活动情况而定。精养池养殖前期一般每天开机时间不少于 5 h，养殖后期不少于 18 h，天气异常要适当延长开机时间。

• 盐碱水矿化度在 5 g/L 以上的池塘，在补加新水以后要及时进行水质检测，适时添加水质改良剂，使养殖用水的各项理化指标保持在适宜的范围内。池塘正常水质条件：养鱼池塘，应保持水深 2.0 m 以上，透明度 20～40 cm，pH 7.5～9.0。对于重度盐碱水，应用淡水水源进行调整，并结合人工调配技术进行水质改良。养虾池塘，应保持水深 1.5 m 以上，透明度 30～40 cm，pH 7.8～8.6，池水矿化度 1～30 g/L。

**3. 高盐度调节**

降低池水盐度主要从水源、肥料及药物 3 方面进行：①换水或补充新水。水源以地表水（河水、水库水）为宜，减少井水的使用量，夏季降水量较多时要适当加大池水的排出量。②尽量少使用含有金属离子（钙、钾、钠离子）的无机肥料。③有选择性地使用药物。氯离子可以与某些重金属离子形成络合物，使其溶解度增大，硫酸铜和硫酸亚铁中分别含有二价铜离子和二价铁离子，施入水体后会增加水体盐度，因此，在盐碱地养殖中应避免使用或最低限度使用氯制剂、硫酸铜和硫酸亚铁等药物，尽量使用中草药制剂。

**4. 高 pH 调节**

（1）直接施酸

当池水 pH 过高（＞9.5）有可能使鱼类死亡或水体中碱度过高时，可以直接使用有机酸，如腐殖酸、草酸、柠檬酸等。

（2）施微生物制剂

使用硝化细菌、酵母菌、乳酸菌等有益产酸菌，促进有机成分酸化，起到降低 pH 的作用。

（3）科学施肥

一是选择酸性肥料；二是少量多次，使水体保持适当肥度，避免由于浮游植物过度繁殖，光合作用过强，大量消耗二氧化碳引起 pH 升高，同时，可防止浮游植物的过度繁殖形成水华，保持养殖水体较强的缓冲能力，从而保持水体 pH 的稳定。对已发生水华的池水；应采取直接换水或用消毒剂全池泼洒后再换水的方法加以处理，处理后全池施入磷肥，如过磷酸钙、磷酸氢钙。

（4）使用氯化钙调节池水 pH

$Ca^{2+}$ 加入有利于沉淀 $CO_3^{2-}$，以保持 pH 的稳定，且氯化钙的使用会增加浮游植物的多样性。但是，氯化钙的使用会使池水的盐度和硬度升高，因此使用时应注意。

**5. 硬度和离子组成的调节**

（1）化学调节方法

① 通过水质化验、分析，了解水体离子组成和含量，对于缺少的成分直接施入适量的化学物质进行调节，如缺钾可直接补入氧化钾。

② 结合调节 pH 直接施入酸、碱，通过调节水体的酸碱性，调节离子的溶解度，起到调节离子组成的作用。

（2）生物调节方法

① 施微生物制剂，改善水体内部循环，通过调节物质代谢起到调节离子成分的作用。

② 提高池塘水体的肥度，通过配方施肥或接种有益藻类，使有益藻类成为优势种群，通过藻类对水体中各种离子的同化吸收，起到调节水体离子组成的作用。

# 第三节　盐碱水池塘养殖与生态修复技术系统标准体系框架与体系表

依据《标准体系表编制原则和要求》（GB/T 13106—2009）绘制了盐碱水水产养殖与生态修复标准体系框架结构图；在完成标准体系框架结构图基础上，依据《科技成果转化为标准指南》（GB/T 33450—2016），结合调研、论证等情况完成了盐碱水水产养殖标准体系表。本节主要概述盐碱水水产养殖与生态修复标准体系框架结构图、标准体系表、标准统计表。

## 一、盐碱水水产养殖与生态修复标准体系框架结构图

盐碱水水产养殖与生态修复标准体系框架结构图如图 5-1 所示。

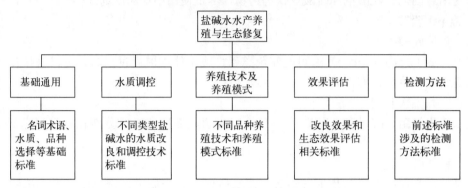

图 5-1 盐碱水水产养殖与生态修复标准体系框架结构图

## 二、盐碱水水产养殖标准体系表与统计表

盐碱水水产养殖标准及其相关标准体系表如表 5-1、表 5-2 所示。

表 5-1 盐碱水水产养殖标准体系表

| | 标准名称 | 标准号 | 宜定级别 | 备注 |
|---|---|---|---|---|
| 基础通用 | 盐碱水养殖 名词和术语 | | 国家标准 | |
| | 盐碱地水产养殖用水水质 | SC/T 9406—2012 | 行业标准 | |
| | 盐碱地水产养殖品种选择要求 | | 行业标准 | 2016 年行标计划 |
| | 氯化物型盐碱水水产养殖品种选择 | | 行业标准 | |
| | 硫酸盐型盐碱水水产养殖品种选择 | | 行业标准 | |
| | 碳酸盐型盐碱水水产养殖品种选择 | | 行业标准 | |
| | 氯化物型盐碱水水产养殖通用技术 | | 行业标准 | |
| | 硫酸盐型盐碱水水产养殖通用技术 | | 行业标准 | |
| | 碳酸盐型盐碱水水产养殖通用技术 | | 行业标准 | |
| | 盐碱水水产养殖品种离子耐受范围 | | 行业标准 | |
| | 盐碱水水产养殖池塘建设规范 | | 行业标准 | |
| 水质调控 | 氯化物型盐碱水养殖水质改良调控技术 | | 行业标准 | |
| | 硫酸盐型盐碱水养殖水质改良调控技术 | | 行业标准 | |
| | 碳酸盐型盐碱水养殖水质改良调控技术 | | 行业标准 | |
| 养殖模式 | 盐碱水养殖 池塘-旱田养殖模式 | | 行业标准 | |
| | 盐碱水养殖 池塘-稻田养殖模式 | | 行业标准 | |
| | 盐碱水养殖 池塘-牧草养殖模式 | | 行业标准 | |
| | 盐碱水养殖 稻-苇-鱼养殖模式 | | 行业标准 | |
| | 盐碱水养殖 稻鱼混养模式 | | 行业标准 | |
| | 盐碱水养殖 鸭鱼混养模式 | | 行业标准 | |
| | 盐碱水养殖 苗期驯化技术规范 | | 行业标准 | |

（续）

| 标准名称 | 标准号 | 宜定级别 | 备注 |
|---|---|---|---|
| Ⅰ类盐碱水四大家鱼养殖技术规范 | | 行业标准 | |
| Ⅰ类盐碱水淡水白鲳养殖技术规范 | | 行业标准 | |
| Ⅰ类盐碱水尼罗罗非鱼养殖技术规范 | | 行业标准 | |
| Ⅰ类盐碱水罗氏沼虾养殖技术规范 | | 行业标准 | |
| Ⅱ类盐碱水沼虾养殖技术规范 | | 行业标准 | |
| Ⅱ类盐碱水中华绒螯蟹养殖技术规范 | | 行业标准 | |
| Ⅱ类盐碱水以色列红罗非鱼养殖技术规范 | | 行业标准 | |
| Ⅱ类盐碱水吉丽罗非鱼养殖技术规范 | | 行业标准 | |
| Ⅱ类盐碱水梭鱼养殖技术规范 | | 行业标准 | |
| Ⅱ类盐碱水漠斑牙鲆养殖技术规范 | | 行业标准 | |
| Ⅱ类盐碱水西伯利亚鲟养殖技术规范 | | 行业标准 | |
| Ⅱ类盐碱水施氏鲟养殖技术规范 | | 行业标准 | |
| Ⅱ类盐碱水对虾养殖技术规范 | | 行业标准 | |
| Ⅱ类盐碱水拟穴青蟹养殖技术规范 | | 行业标准 | |
| Ⅲ类盐碱水青海湖裸鲤养殖技术规范 | | 行业标准 | |
| Ⅲ类盐碱水雅罗鱼养殖技术规范 | | 行业标准 | |
| Ⅲ类盐碱水卤虫养殖技术规范 | | 行业标准 | |
| Ⅲ类盐碱水轮虫养殖技术规范 | | 行业标准 | |
| Ⅲ类盐碱水青海湖裸鲤养殖技术规范 | | 行业标准 | |
| 三毛金藻中毒症防治技术规范 | | 行业标准 | |
| 巨角（鱼蚤）病防治技术规范 | | 行业标准 | |
| 铜绿微囊藻中毒症防治技术规范 | | 行业标准 | |
| 鱼类硫化氢中毒症防治技术规范 | | 行业标准 | |
| 土质改良效果评价 | | 行业标准 | |
| 盐碱水养殖生态效果评价 | | 行业标准 | |
| 盐碱水离子测定方法 | | 行业标准 | |
| 养殖动物耐盐碱性测定 | | 行业标准 | |

左侧分类栏：养殖技术、效果评估、检测方法

**表 5-2　盐碱水水产养殖相关标准体系表**

| 序号 | 标准名称 | 标准代号 | 宜定级别 | 备注 |
|---|---|---|---|---|
| 1 | 地下水质检验方法 | DZ/T 0064 | 行业标准 | |
| 2 | 水质硫酸盐的测定　铬酸钡分光光度法（试行） | HJ/T 342 | 行业标准 | |
| 3 | 水质钙和镁总量的测定　EDTA滴定法 | GB 7477 | 国家标准 | |
| 4 | 水质氯化物的测定　硝酸银滴定法 | GB/T 11896 | 国家标准 | |
| 5 | 水质钾和钠的测定　火焰原子吸收分光光度法 | GB 11904 | 国家标准 | |

盐碱水水产养殖标准统计表如表 5-3 所示。

表 5-3　盐碱水水产养殖标准统计表

| 标准层级 | 应有数（项） | 现有数（项） | 现有数/应有数（%） |
| --- | --- | --- | --- |
| 国家标准 | 1 | 0 | 0 |
| 行业标准 | 47 | 1 | 2.13 |
| 合计 | 48 | 1 | 2.08 |

除以上所述标准外，我国近期需要制定的标准如下：

- 氯化物型盐碱水水质调控改良技术；
- 硫酸盐型盐碱水水质调控改良技术；
- 碳酸盐型盐碱水水质调控改良技术；
- 盐碱水渔业资源调查规范；

……

## 二、盐碱水水产养殖标准存在问题分析研究

利用盐碱水进行水产养殖，是水产养殖的一个新兴领域。虽然目前此种养殖方式已经在很多地方开展，但是相关的基础研究还比较薄弱。本项目在对目前的科研成果进行总结的基础上对盐碱水水产养殖的标准体系进行了梳理和总结。由于项目时间只有 1 年，人员和经费也存在一定的限制，课题研究的深度还远远不够。标准体系表需要根据行业的发展不断进行修订和完善，这对于新兴领域的盐碱水养殖行业尤为重要。建议根据行业发展和基础研究的深入，继续支持本课题进行延续研究。

# 第六章

# 水产标准化池塘建设标准体系研究

我国淡水养殖水域主要包括池塘、湖泊、水库、河沟、稻田和其他水域等。根据《2019中国渔业统计年鉴》，2018 年全国淡水养殖产量为 2 959.84 万 t，其中，淡水池塘养殖产量高达 2 210.97 万 t。因此，开展水产标准化池塘建设标准体系研究非常重要和必要。本章概述了水产标准化池塘建设标准体系国内外现状及其标准体系研究概况，分析了水产标准化池塘建设标准要素、标准体系构建及其技术流程，初步筛选并确定了水产标准化池塘建设标准体系框架与体系表，为制修订水产标准化池塘建设标准提供参考。

## 第一节　国内外现状及其标准体系研究概况

本节主要介绍水产标准化池塘建设标准体系国内外现状、标准体系研究概况。

## 一、国内外现状

### 1. 国内现状

根据《2019 中国渔业统计年鉴》，2018 年全国水产品总产量 6 457.66 万 t，比上年增长 0.19%。其中，养殖产量 4 991.06 万 t，占总产量的 77.3%，同比增长 1.73%，全国水产养殖面积 7 189.52×10³ hm²，比上年下降 3.48%。2018 年，我国淡水养殖面积5 146.46×10³ hm²，同比下降 4.07%；海水养殖面积与淡水养殖面积比例为 28.4∶71.6。其中，淡水池塘养殖面积 2 666.84×10³ hm²，比上年增加 51.82×10³ hm²，增长 5.50%。20 世纪 70 年代以后，我国池塘养殖水平迅速上升，并快速发展成世界上最大的水产养殖国家。在总结池塘养殖经验的基础上，全国各地开展了大规模的池塘改造建设，也有专家详细研究介绍了池塘基础设施的构建方法。2008 年，国家认证认可监督管理委员会（以下简称国家认监委），在《良好农业规范实施指南》中对养殖池塘的生态环境提出了规范要求。2013 年，《良好农业规范　第 14 部分：水产池塘养殖基础控制点与符合性规范》（GB/T 20014.14—2013）出台，对池塘场址、设施、养殖管理提出了控制点及符合性要求。我国是世界上发展生态养殖最早的国家之一，在遵循"整体、协调、再生、循环"的农业生态工程原理下，经多年的试验和研究已经从单一的水产养殖模式发展成复合型的生态养殖模式。

### 2. 国外现状

据统计，全球水产捕捞和养殖产量已经保持了 30 年的增长，尤其是包括中国在内的亚洲地区水产养殖产量已占到 89% 左右。联合国粮食及农业组织（FAO）相关方面专家提出，在水产养殖领域提倡生态环境保护，具体措施应该表现在提高饲料配方的使用效率、减少废物排放并提高回收利用率、提高水土使用率、减少抗生素的使用、大力发展水产可追溯体系以及保护水生生物多样性等。在池塘养殖生态方面，我国做了很多基础性研究工作，特别在池塘养殖生态特征和调控等方面的某些研究处于世界领先水平。2016 年，国家认监委与全球水产养殖联盟等签署合作备忘录，将国际先进标准和认证制度引入中国，其中最佳水产养殖规范（BAP）认证体系由全球水产养殖联盟（GAA）为推进对环境和社会负责任的水产养殖生产而开发，在于明确水产品生产加工组织内部必需的食品安全和质量标准，以确保水产品的安全可靠。该认证是全球最为广泛认可的第三方国际认证，也是目前世界上最全面和综合的第三方水产养殖认证。其认证标准包括了环境责任、社会责任、食品安全、动物权益与福利和可追溯性等几大方面的要求。

## 二、标准体系研究概况

### 1. 标准体系研究背景

我国淡水养殖水域主要包括池塘、湖泊、水库、河沟、稻田和其他水域，其中，我国 2018 年淡水池塘养殖产量高达 2 210.97 万 t，有必要开展水产标准化池塘建设标准体系研究。

（1）国家推进健康养殖模式，加快建设标准化养殖池塘，提升渔业养殖发展水平

党的十九大报告提出，应"坚持陆海统筹，加快建设海洋强国"，要"实施乡村振兴战略，按照产业兴旺、生态宜居、乡风文明、治理有效、生活富裕的总要求，加快推进农业农村现代化"。我国是海洋大国，为了保护渔业资源，近年鼓励从事捕捞作业的渔民转业转产，水产养殖逐步成为渔业现代化建设和渔业经济的重要组成部分，也是我国渔业发展"十三五"规划中的重要部分。规划中提出，针对主要养殖区域、养殖方式和养殖品种，研究示范推广节水、节能、节药、减排、安全、高效的水产养殖技术和生态养殖模式。开展池塘标准化健康养殖、高效配合饲料使用、多营养层级生态养殖、工厂化循环水养殖、外海深水网箱养殖、池塘工程化循环水养殖等节能减排技术的集成与示范推广，以进一步推进水产养殖池塘建设与改造工程。

（2）标准化池塘产业缺乏相关标准，迫切需要实施标准化体系战略

2017 年 11 月 4 日，我国新修订的《标准化法》正式公布，新法扩大了标准的制定范围，建立了政府协调机制，强化标准统一管理，在标准供给方面打破了政府"包办"，加强标准国际化活动，取消企业标准备案制度，强调中国在标准制定、实施过程中要确保公开性和透明度，真正使标准化工作能够与国际规则深度融合，更好地促进中国标准与国际标准之间的软连通。我国池塘养殖面积呈逐年增加的态势，而全国各地不同地域有不同的建设特点，标准化池塘建设所参考的标准不统一，且水产养殖设施落后、养殖污染、水资源浪费和水产品安全等问题突出。水产养殖技术标准作为水产标准体系中重要的组成部分，是健康养殖的重要保障，应尽快制定相关标准体系，以推广标准化养殖池塘建设为抓手，逐步改善目前池塘养殖面临的问题。

（3）水产标准化池塘标准化建设具有其特殊性，需要汇集行业内专业人才，共同推进标

准化体系工作进程

目前，水产养殖标准化池塘标准体系缺失，还不能适应现代化健康养殖的科技发展和技术进步，现有标准的系统性、配套性、适用性有待论证。从标准数量上看，现行的养殖标准多针对养殖品种、水质等，而针对标准化池塘建设的标准寥寥无几，这与全面提升标准化池塘养殖技术水平要求差距很大。相关标准化建设工作相对滞后，且缺乏标准化工作人才，特别是既懂专业、又熟悉标准化、能独立参与标准化工作的复合型人才十分短缺。目前，已有标准的宣贯、实施工作比较薄弱，标准发布后，在池塘设计、建造和维护过程中，没有得到有效的实施。因此，在构建水产养殖标准化池塘标准体系的同时，要加强标准化工作队伍建设，充分发挥科研院所与企业的技术支撑作用，不断营造水产养殖池塘标准化理念，形成以科研、教学、生产、管理和维护等为主体的现代渔业健康养殖的标准化工作队伍，促进渔业健康养殖标准化工作进程。

**2. 水产标准化池塘建设标准体系研究课题简介**

水产标准化池塘建设标准体系研究源自中国水产科学研究院基本科研业务费专项课题"水产标准化池塘建设标准体系研究"（课题编号：2017JC0206）；课题负责人为王玮研究员；课题主持单位为中国水产科学研究院渔业机械仪器研究所；课题起止日期为2017年1—12月。通过对水产养殖标准化池塘建设相关资料收集、实地调研、集中研讨，构建水产养殖标准化池塘标准体系框架，明确水产养殖池塘从选址、建造、改建到验收各环节涉及的标准化对象及要素，结合行业需求，提出水产养殖池塘应制定的配套标准目录，为水产养殖池塘相关标准项目立项提供支持。通过项目开展，打通标准制修订与科研渠道，帮助和指导相关科研团队将科研成果转化为标准。

# 第二节　水产标准化池塘建设标准要素、体系构建及其技术流程

本节主要概述水产标准化池塘建设标准要素、体系构建及其技术流程内容。

## 一、标准要素的确定

标准化池塘养殖场应包括标准化的池塘、道路、供水、供电、办公等基础设施，还有配套完备的生产设备。标准化池塘养殖模式应有规范化的管理方式，有苗种、饲料、肥料、渔药、化学品等养殖投入品管理制度，以及养殖技术、计划、人员、设备设施、质量销售等生产管理制度。通过分析收集到的资料，课题组结合管理和建设需求初步确定标准化要素如下：

**1. 场址条件**

- 规划要求；
- 自然条件；
- 水源、水质；
- 土壤、土质；
- 电力、交通、通信。

## 2. 设计

- 场地布局；
- 基本原则；
- 布局形式。

## 3. 建造、改造

- 池塘；
- 面积、深度；
- 池埂；
- 护坡；
- 池底；
- 进排水设施；
- 进排水渠道；
- 进水渠道；
- 排水渠道；
- 道路、场地；
- 主、辅道路；
- 场地；
- 建筑物；
- 办公、生活用房；
- 库房；
- 值班房；
- 大门、门房；
- 围护设施；
- 辅助设施；
- 供电；
- 供水；
- 生活垃圾处理设施。

## 4. 管理

- 水处理；
- 源水处理；
- 排放水处理；
- 池塘水体净化；
- 生产设备；
- 增氧机械；
- 投饲设备；
- 排灌机械；
- 水质检测设备；
- 底质改良设备；
- 起捕设备；

- 养殖管理；
- 养殖投入品管理；
- 养殖生产管理；
- 人员管理；
- 生产计划管理；
- 设施、设备管理。

**5. 池塘验收**

# 二、标准体系构建

**1. 水产养殖标准化池塘构建原则**

根据农业部"十三五"渔业科技发展规划中针对主要养殖区域、养殖方式和养殖品种，研究示范推广节水、节能、节药、减排、安全、高效的水产养殖技术和生态养殖模式的要求，将以降低养殖污染、降低水资源浪费为宗旨，以节水、节能、节药、减排、安全、高效为原则，构建标准化水产养殖池塘标准体系。

**2. 拟解决的主要问题及研究主要方向**

通过实地调研、资料查找，课题组发现，国内已建设的标准化养殖池塘，多数是结合养殖户的要求，凭设计者的经验设计建造，国内外有关水产养殖池塘的标准非常缺乏。课题组围绕水产标准化池塘改造与建设开展配套标准体系研究，明确标准化对象并提出标准体系框架；研究标准化对象涉及的主要要素，确定需要标准化要素；研究提出应有、已有以及还应制定的配套标准目录。课题组研究内容主要包括：

① 研究标准化池塘的含义，明确标准化池塘术语和定义等概念。

② 研究标准化池塘建设涉及的主要环节、流程，包括全生命周期，并针对各环节需要考虑和涉及的要素间关系开展研究，形成流程图。

③ 结合管理和建设需求汇总分析对哪些要素进行标准化，分析各要素在不同建设区域的异同，在此基础上初步确定标准名称。

④ 研究分析各项标准之间的内在关系，确定各项标准在体系框架中的位置、层级。

**3. 标准体系构建的方法步骤**

根据课题研究需求，课题组讨论制定了标准体系构建研究工作的主要流程及技术路线：

① 走访调研，收集相关资料，包括相关法律法规、标准等，对收集的资料进行汇总分析，确定标准化对象，绘制标准体系框架结构图。

② 结合池塘建设项目研究，明确任务分工。

③ 研究确定池塘建设综合标准体系研究报告总体框架。

④ 与池塘建设研究团队交流综合标准化和标准体系构建等相关内容，提高对标准化体系重要性的认识。

⑤ 渔业机械仪器分技术委员会管理人员与池塘建设科研团队一起对体系框架中各模块进行研讨，研讨各标准化对象涉及的主要要素，确定哪些要素需要标准化，并讨论确定标准名称。

⑥ 完善标准体系框架，针对各研究对象分别提出应有、已有以及还需制修订的标准目

录，完成标准体系表。

⑦ 起草完成池塘建设综合标准体系研究报告，并设计技术路线图（图6-1）。

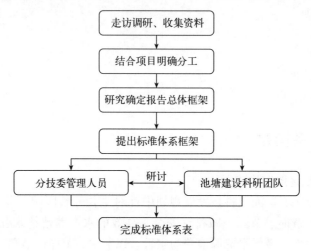

图6-1　标准体系构建技术路线图

# 三、水产养殖标准化池塘建设技术流程

根据水产养殖场的规划目的、要求、规模、生产特点、投资大小、管理水平以及地区经济发展水平等，养殖场的建设可分为经济型池塘养殖模式、标准化池塘养殖模式、生态节水型池塘养殖模式、循环水池塘养殖模式四种类型。标准化池塘养殖模式是根据国家或地方制定的"池塘标准化建设规范"进行改造建设的池塘养殖模式，其特点为系统完备、设施设备配套齐全，管理规范。

在明确了标准化养殖池塘的定义后，课题组根据标准化池塘建设涉及的主要环节、流程，明确标准化养殖池塘的全生命周期包括项目立项、评估、建设、管理维护等，针对各环节需要考虑和涉及的主要要素间关系开展研究，形成流程图。

按照《标准体系表编制原则和要求》（GB/T 13016—2018）中5.1.4序列结构的定义，序列结构指围绕着产品（或服务）、过程的标准化建设，按生命周期阶段的序列或空间序列等编制出的序列标准体系框架结构图（图6-2）。

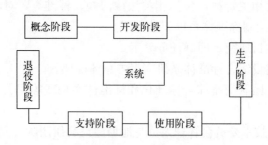

图6-2　序列标准体系框架结构图

注：1. 序列中节点名称仅作示例用。

2. 序列形式的含义参见GB/22032—2008中生命周期阶段的划分。

水产标准化池塘建设标准体系隶属于水产行业标准体系，课题组根据《标准体系表编制原则和要求》（GB/T 13016—2018）中附录的提示，结合标准化养殖池塘生命周期特点，初步构建的标准体系构架。水产养殖池塘建设管理包括池塘场址、设施、养殖管理，养殖管理中包含池塘育苗、施肥、苗种、水质管理、疫病控制、越冬管理及产品包装运输等类别。课题组经讨论，将本课题标准化池塘标准体系，定位为针对池塘选址、建造及配套设施要求的体系，重点围绕池塘选址、布局、配套设施配备、管理展开研究，同时结合国家绿色、高效的农业发展理念提出标准化要素。因此，本课题的技术流程确定为标准化池塘的调查评估、选址、设计、建设、改造、管理、池塘验收等。水产标准化池塘建设技术流程如图 6-3 所示。

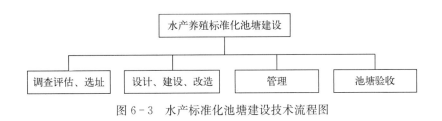

图 6-3　水产标准化池塘建设技术流程图

# 第三节　水产标准化池塘建设标准体系框架与体系表

本节主要概述水产标准化池塘建设标准体系框架构建及其体系表等内容。

## 一、标准体系框架构建

课题组在明确各标准化对象、要素后，构建水产养殖标准化池塘标准体系时，应统筹考虑标准体系的完整性、科学性和统一性。一个完整、配套的标准体系应包括基础标准、产品标准、检验方法标准、工艺过程标准、安全标准、环境保护标准、管理标准和工作标准等标准化对象。课题组在研究分析各标准化对象及要素之间内在的关系，明确标准体系中各要素在体系框架中的位置及层级，按照《标准体系表编制原则和要求》（GB/T 13016—2018）中5.1.3 层次结构的示例，构建了第一版水产标准化池塘建设标准体系框架结构图（图 6-4）。之后，经征集专家意见，上会讨论，课题组将标准体系框架进一步完善，形成第二版框架结构图（图 6-5）。

## 二、标准体系表

按照《标准体系表编制原则和要求》（GB/T 13016—2009）中 5.1.3 规定的我国标准体系层次结构，对地域性影响明显的标准化要素进行制定标准必要性论证，如需制定标准，则明确标准所在层级（图 6-6）。

在水产标准化池塘建设标准体系框架的基础上，课题组初步筛选并确定了水产标准化池塘建设标准体系表（表 6-1 至表 6-6），为制定水产标准化池塘建设标准提供参考。

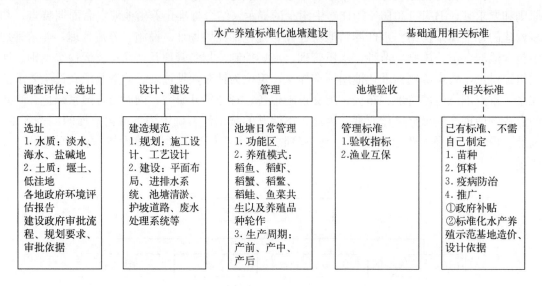

图 6-4  水产标准化池塘建设标准体系框架结构图（第一版）

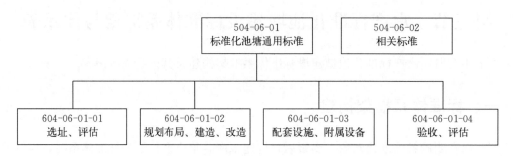

图 6-5  水产标准化池塘建设标准体系框架结构图（第二版）

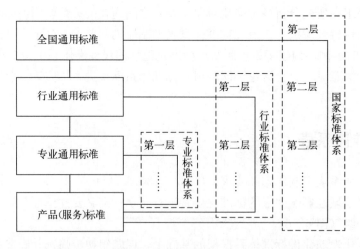

图 6-6  全国、行业、专业标准体系的层次结构

表 6-1　504-06-01 标准化池塘通用标准

| 序号 | 标准名称 | 标准代号 | 宜定级别 | 采标程度（符号） | 采标标准号 | 备注 |
|---|---|---|---|---|---|---|
| 1 | 淡水池塘养殖小区建设与管理技术规范 | | 行业标准 | | | 申报 |
| 2 | 池塘设施构建技术规范 | | 行业标准 | | | |
| 3 | 工厂化循环水养殖车间设计规范 | | 行业标准 | | | 立项 |
| 4 | 水产养殖池塘建设技术规范 | DB33/T 908—2013 | 地方标准 | | | 浙江 |
| 5 | 标准化池塘通用要求 | | 行业标准 | | | |
| 6 | 水产养殖标准化池塘（小区）名词术语 | | 行业标准 | | | |
| 7 | 水产养殖池塘建设技术规范 | | 行业标准 | | | 立项 |
| 8 | 新建淡水池塘养殖场基本要求 | | 国家标准 | | | 立项 |

表 6-2　504-06-02 相关标准

| 序号 | 标准名称 | 标准代号 | 宜定级别 | 采标程度（符号） | 采标标准号 | 备注 |
|---|---|---|---|---|---|---|
| 1 | 良好农业规范　第 14 部分：水产池塘养殖基础控制点与符合性规范 | GB/T 20014.14—2013 | 国家标准 | | | |
| 2 | 现代渔业示范基地第 1 部分：淡水池塘养殖 | DB37/T 1790—2011 | 地方标准 | | | 山东 |
| 3 | 现代渔业示范基地第 2 部分：海水池塘养殖 | DB37/T 2101—2012 | 地方标准 | | | 山东 |
| 4 | 水产健康养殖示范场建设规程第 1 部分：池塘 | DB43/T 690.1—2012 | 地方标准 | | | 湖南 |
| 5 | 水产养殖池塘　进排水要求 | | 行业标准 | | | |
| 6 | 淡水池塘养殖水质在线监测技术要求 | DB12/T 585—2015 | 地方标准 | | | 天津 |
| 7 | 淡水养殖池塘标准化建设规范 | DB37/5 2070—2012 | 地方标准 | | | |
| 8 | 养殖池塘技术规程 | DB42/T 803—2012 | 地方标准 | | | |

表 6-3　604-06-01-01 选址、评估

| 序号 | 标准名称 | 标准代号 | 宜定级别 | 采标程度（符号） | 采标标准号 | 备注 |
|---|---|---|---|---|---|---|
| 1 | 水产养殖池塘选址技术要求 | | 行业标准 | | | |
| 2 | 生态化水产养殖小区构建与管理技术规范 | | 行业标准 | | | |

表 6-4　604-06-01-02 规划布局、建造、改造

| 序号 | 标准名称 | 标准代号 | 宜定级别 | 采标程度（符号） | 采标标准号 | 备注 |
|---|---|---|---|---|---|---|
| 1 | 生态化水产养殖小区建造技术规范 | | 行业标准 | | | |
| 2 | 水产养殖标准化养殖场布局指南 | | 行业标准 | | | |
| 3 | 水养殖池塘建设、改造技术要求 | | 行业标准 | | | |

表6-5　604-06-01-03 配套设施、附属设备

| 序　号 | 标准名称 | 标准代号 | 宜定级别 | 采标程度（符号） | 采标标准号 | 备注 |
|---|---|---|---|---|---|---|
| 1 | 淡水养殖池塘设施要求 | SC/T 6048—2011 | 行业标准 | | | |
| 2 | 水产养殖小区配套设施要求 | | 行业标准 | | | |
| 3 | 水产养殖设施　名词术语 | SC/T 6056—2015 | 行业标准 | | | |
| 4 | 养殖水处理设备蛋白分离器技术要求 | | 行业标准 | | | 申报 |

表6-6　604-06-01-04 验收、评估

| 序　号 | 标准名称 | 标准代号 | 宜定级别 | 采标程度（符号） | 采标标准号 | 备注 |
|---|---|---|---|---|---|---|
| 1 | 养殖小区评价规范 | | 行业标准 | | | |
| 2 | 水产养殖池塘排放标准 | | 行业标准 | | | |
| 3 | 尾水排放设施要求 | | 行业标准 | | | |
| 4 | 人工湿地水处理规范 | | 行业标准 | | | |

基于前期分析研究，课题组初步形成了水产养殖标准化池塘标准体系统计表（表6-7）。

表6-7　水产养殖标准化池塘标准体系统计表

| 标准类别 | 应有数（个） | 现有数（个） | 现有数/应有数（%） |
|---|---|---|---|
| 国家标准 | 2 | 1 | 50 |
| 行业标准 | 20 | 2 | 10 |
| 团体标准 | 0 | 0 | — |
| 地方标准 | 7 | 7 | 100 |
| 企业标准 | 0 | 0 | — |
| 共计 | 29 | 10 | 33.33 |

# 三、存在的问题与建议

## 1. 标准的数量和内容覆盖面较小，需进一步做好顶层设计

课题组在查阅、收集相关资料的过程中发现，水产标准化池塘养殖最突出的问题就是现行的标准不能覆盖目前已有的池塘及养殖场，标准缺口较大，标准化池塘方面已有研究基础的标准项目立项较少，从标准数量上看，现行的标准化池塘相关标准仅有10项，且其中7项为地方标准（表6-8）。

表6-8　现行标准化池塘相关标准统计表

| 标准编号 | 标准名称 |
|---|---|
| DB33/T 908—2013 | 水产养殖池塘建设技术规范 |
| DB37/T 1790—2011 | 现代渔业示范基地　第1部分：淡水池塘养殖 |

（续）

| 标准编号 | 标准名称 |
| --- | --- |
| DB37/T 2070—2012 | 淡水养殖池塘标准化建设规范 |
| DB37/T 2101—2012 | 现代渔业示范基地　第 2 部分 海水池塘养殖 |
| DB42/T 803—2012 | 养殖池塘技术规程 |
| DB43/T 690.1—2012 | 水产健康养殖示范场建设规程　第 1 部分：池塘 |
| GB/T 20014.14—2013 | 良好农业规范　第 14 部分：水产池塘养殖基础控制点与符合性规范 |
| SC/T 6056—2015 | 水产养殖设施　名词术语 |
| DB12/T 585—2015 | 淡水池塘养殖水质在线监测技术要素 |
| SC/T 6048—2011 | 淡水养殖池塘设施要求 |

由于科研工作与标准化工作的侧重点不同，科研成果不能完全满足标准制定的需求。目前的标准化池塘建造过程中，一些参数涉及标准化池塘的关键指标，因涉及经济因素、地域、养殖品种的不同，往往是根据经验设计建造，制定的标准也仅仅适用于某一特定区域的池塘建设，在当前大力提倡节能环保的环境下，不同的标准，对管理部门的管理带来了一定的难度。因此，建议进一步细化水产养殖标准化池塘标准体系，按地域对不同养殖类型的养殖小区分别制定相适应的行业标准，以便建设、管理。

**2. 培养复合型标准化工作人才，提升标准化工作队伍整体水平**

水产养殖标准化的实施是一项系统工程，包括了技术研发和标准的制定、形成、推广，以及标准的实施应用，对标准化工作人员提出了很高的要求。随着技术的发展进步，我国也不断引进国外先进的养殖技术，养殖模式和种类得到了很大的拓展，对标准化高级人才的需求更加迫切。但受到标准化专业知识、产业政策和技术发展动态的影响，水产养殖标准化工作的进程在一定程度上制约了人才的进步。需通过专项培训、组织交流、完善工作机制等措施构建高素质标准化工作队伍，并要求未参加标准化基础知识培训的标准化工作人员尽快参加标准化知识培训班；鼓励企业积极创造条件，营造良好的人才发展环境，优化人才培养和使用机制，加强创新型研发人才、高级技能人才等专业人才队伍的建设，培育懂技术、爱标准的高级复合型人才。

**3. 加强标准的宣贯和培训，提升标准实施力度及社会影响力**

作为标准实施的主体，广大养殖企业和养殖户不能及时了解和掌握已发布的标准信息，对实质性参与行业标准起草还缺乏认识，缺乏按照标准化要求组织生产经营的理念，标准的实用性受到影响。同时，养殖户的组织化程度低，采用新标准、吸纳新技术的能力比较弱，按照标准化要求组织养殖生产难度大，运行成本高。另外，由于标准化生产的监督管理缺乏有效的激励措施，导致生产者使用标准的积极性和主动性不高。在标准宣贯实施方面，需扩大宣传范围，增加宣贯方式，从标准制修订人员、标准使用人员、检验人员到管理人员，不同群体使用不同宣贯方式，以更易接受的方式使不同的标准使用群体接纳标准、使用标准，进一步提高健康养殖标准的社会影响力。

## 附录

附录1　GB/T 12366—2009《综合标准化工作指南》

# 中华人民共和国国家标准

GB/T 12366—2009
代替GB/T 12366.1～12366.3—1990，GB/T 12366.4—1991

# 综合标准化工作指南

Guideline for the work of complex standardization

2009-05-06发布　　　　　　　　　　　2009-11-01实施

中华人民共和国国家质量监督检验检疫总局
中国国家标准化管理委员会　发布

# 前　言

本标准代替 GB/T 12366.1—1990《综合标准化工作导则　原则与方法》GB/T 12366.2—1990《综合标准化工作导则　工业产品综合标准化一般要求》，GB/T 12366.3—1990《综合标准化工作导则　农业产品综合标准化一般要求》和 GB/T 12366.4—1991《综合标准化工作导则　标准综合体规划编制方法》。

本标准与代替的四项标准相比主要变化如下：

——将原来 4 项标准的公共的、合理的、符合当前要求的部分，进行了综合提炼；

——剔除了 GB/T 12366.2—1990 中工业产品这一具体范围限制，保留一般性要求；

——删除 GB/T 12366.2—1990 中附录 A "电扇综合标准化相关要素示意图"；

——删除了 GB/T 12366.3—1990 中农业产品这一具体范围限制，保留一般性要求；

——删除 GB/T 12366.3—1990 中附录 A "新疆维吾尔自治区长绒棉相关要素图"；

——将 GB/T 12366.4—1991 中的内容合并到本标准中来，作为总体规划的一部分。

本标准由中国标准化研究院提出并归口。

本标准起草单位：中国标准化研究院、中国电子技术标准化研究所、清华大学。

本标准主要起草人：董晓媛、赵朝义、逄征虎、王金玉、王益谊、杨锐、陆锡林。

本标准所代替标准的历次版本发布情况为：

——GB/T 12366.1—1990；

——GB/T 12366.2—1990；

——GB/T 12366.3—1990；

——GB/T 12366.4—1991。

# 综合标准化工作指南

## 1 范围

本标准规定了综合标准化的术语、基本原则、工作程序与方法。

本标准适用于各类标准化对象的综合标准化活动。

## 2 术语和定义

下列术语和定义适用于本标准。

### 2.1

**相关要素** related elements

影响综合标准化对象的功能要求或特定目标的因素。

注：开展综合标准化活动时所选择的最终产品等主题对象。

### 2.2

**标准综合体** standard - complex

综合标准化对象及其相关要素按其内在联系或功能要求以整体效益最佳为目标形成的相关指标协调优化、相互配合的成套标准。

### 2.3

**综合标准化** complex standardization

为了达到确定的目标，运用系统分析方法，建立标准综合体，并贯彻实施的标准化活动。

## 3 基本原则

将综合标准化对象及其相关要素作为一个系统开展标准化工作，并且范围应明确并相对完整。

综合标准化的全过程应有计划、有组织地进行，以系统的整体效益（包括技术、经济、社会三方面的综合效益）最佳为目标，保证整体协调一致与最佳性，局部效益服从整体效益。

标准综合体内各项标准的制定及实施应相互配合，所包含的标准可以是不同层次的，但标准的数量应当适中，而且各标准之间应贯彻低层次服从高层次的要求。

应充分选用现行标准，必要时可对现行标准提出修订或补充要求。积极采用国际标准和国外先进标准。标准综合体应根据产品的生命周期及时修订。

## 4 工作程序

综合标准化的工作程序见表1。

表 1 综合标准化工作程序

| 阶段 | 步骤 | 方法 |
|---|---|---|
| | 确定对象 | 见5.1 |
| 准备阶段 | 调研 | 见5.2 |
| | 可行性分析 | 见5.3 |

（续）

| 阶段 | 步骤 | 方法 |
|---|---|---|
| 准备阶段 | 建立协调机构 | 见 5.4 |
| 规划阶段 | 确定目标<br>编制标准综合体规划 | 见 6.1<br>见 6.2 |
| 制定阶段 | 制定工作计划<br>建立标准综合体 | 见 7.1<br>见 7.2 |
| 实施阶段 | 组织实施<br>评价和验收 | 见 8.1<br>见 8.2 |

## 5　准备阶段

### 5.1　确定对象

根据科学技术发展与国民经济建设的需要，以经济性为准则选择综合标准化对象。应从国民经济和社会发展需要出发，选择具有重大技术、经济意义和明显效益的对象，在一定范围内功能互相关联，经过纵横向协作才能解决相关参数指标协调与优化组合问题。

### 5.2　调研

调研包括以下内容：

a）综合标准化对象的现状及国内外同类产品的水平；

b）国内外标准概况；

c）综合标准化对象各有关方的基本情况和意见。

### 5.3　可行性分析

根据需要和可能，对选择的对象情况，所需人力、物力和财力的情况，以及能否获得预期的技术、经济和社会效益进行可行性分析。

### 5.4　建立协调机构

根据确定的综合标准化对象，由各有关方面的人员组成有权威性的协调机构，负责建立标准综合体的协调和组织实施工作。

协调机构应建立严格的工作制度，明确职责和分工。

## 6　规划阶段

### 6.1　确定目标

收集与综合标准化对象有关的资料，通过分析对比，准确掌握其国内外状况与发展趋势。并根据技术经济发展的预测结果和实际可能，合理确定综合标准化对象应达到的目标，充分体现其整体最佳性。

### 6.2　编制标准综合体规划

#### 6.2.1　标准综合体规划的性质

标准综合体规划是指导性、计划性的文件，在达到预定的目标以前一直有效；是建立标准综合体，编制标准制定、修订计划和确定相关科研项目的指南；是协调解决跨部门综合标准化工作的依据。

### 6.2.2  标准综合体规划的内容

标准综合体规划包括下列内容：

——综合标准化对象及其相关要素；

——需要制定、修订的全部标准；

——最终目标值和相关要素的技术要求；

——必要的科研项目；

——各项工作的组织和完成期限、预算计划及物资经费等保证措施。

### 6.2.3  编制标准综合体规划的基本原则

标准综合体规划应由各有关部门共同参加编制，并且应同各部门的具体工作与计划任务相结合。编制标准综合体规划时应考虑所需的物资资源、劳动资源和经费。标准综合体规划应附有编制说明书和实施大纲。

### 6.2.4  标准综合体规划编制程序

#### 6.2.4.1  确定对象系统

提出对象系统总目标，并根据综合标准化对象及其相关要素的内在联系或功能要求，将所确定的目标分解为具体目标值。

分解的目标值应能保证实现所确定的目标，并注意工作流程的继承性。目标值一般应定量化，具有可检查性。应对各种可能的目标分解方案进行充分的论证，从中选择最佳方案。

#### 6.2.4.2  进行系统分析

通过分析资料，对综合标准化对象进行系统分析，找出影响所确定目标的各种相关要素，明确综合标准化对象与相关要素及相关要素之间的内在联系与功能要求。合理确定综合标准化对象及其相关要素的范围。并且绘制综合标准化对象的相关要素图或给出文字说明，明确其系统关系。

图表及文字应满足下列要求：

a）层次清晰，主次分明，结构合理，范围明确；

b）相关要素选择恰当，数量适中。

#### 6.2.4.3  选择最佳方案

对综合标准化对象的科学技术水平、综合质量指标以及综合效益进行预测和综合论证。根据需要和可能，合理地确定系统的综合范围和深度，按工作流程确定标准综合体规划的结构。列出综合标准化对象的直接相关要素和间接相关要素，编制相关要素图。

确定科研攻关项目、试验步骤、技术措施和组织保证措施，保证综合标准化对象的及时开发、研制，提高其整体水平。

#### 6.2.4.4  确定标准项目

理顺关系，对综合体中所含要素系统，根据相关要素图，按性质和级别对标准、项目及课题汇总分类。

编制跨部门的实施计划，拟订需要制定、修订的标准的内容和数量，并根据轻重缓急确定标准制定、修订时间的最佳顺序和工作进度，分别纳入相应的标准制定、修订规划和年度计划中，保证制定、修订标准工作的协调进行。

确定制修订工作要点、起草单位和参加单位。确定综合标准化对象的技术手段和质量保证，以及制修订的准备、组织与保证措施。

#### 6.2.4.5　编制标准综合体规划草案

根据对象的系统分析和目标分解的结果，编制标准综合体规划草案，明确标准综合体的构成。标准综合体规划草案内应包括能保证综合标准化对象整体最佳的所有标准。各项标准应进行系统处理，按性质、范围适当分类，使其构成合理。

#### 6.2.4.6　评审

应组织有关专家对标准综合体规划草案进行审议、认定，形成正式的标准综合体规划。评审内容应包括：

　　a）目标能否保证；

　　b）构成是否合理；

　　c）标准是否配套；

　　d）总体是否协调。

## 7　制定阶段

### 7.1　制订工作计划

由协调机构根据标准综合体规划中规定的标准构成要求，审查现有标准情况，确定需要制定和修订的标准，制订统一的工作计划，明确分工和进度要求。对技术难点，应制订攻关计划。包括以下几个方面：

　　——凡有现行标准，能满足总体要求的，应引用现行标准而不再制定新标准；不能满足要求时，应修订现行标准或提出补充要求；没有相应标准时，应制定新标准；

　　——根据标准综合体规划内标准之间的相互联系，确定各项标准制定和修订的顺序与时间；

　　——各项标准的制定和修订任务应纳入各级标准的制定和修订计划，保证各级标准制定和修订计划的协调；

　　——工作计划中除规定制定和修订标准的项目名称外，还应明确各项标准的主要内容与要求、适用范围、与其他标准的关系、标准起草单位与负责人、参加单位与参加人员、起止时间等。

### 7.2　建立标准综合体

协调机构应根据工作计划的要求，组织全部标准的起草和审查工作，建立标准综合体。包括以下几个方面的内容：

　　——制定工作守则，指导参加综合标准化工作的有关人员的活动；

　　——从全局出发，有关方面要密切配合，协调行动；

　　——有关标准的技术内容应相互协调，实施日期应相互配合：

　　——分解的目标值均应在相应标准的有关指标中得到保证。

根据工作进展情况，通过一定手段进行试验验证。整体验证周期太长者可以进行局部验证。通过试验验证适当调整原工作计划和某些标准中不适应的内容。

标准综合体建立后，协调机构应根据试验验证结果，对建立标准综合体的全部工作情况进行总结。

## 8 实施阶段

### 8.1 组织实施

有关部门或单位应根据规定的各项标准的实施时间，将各项标准及时贯彻，实现综合标准化的目标。

在标准综合体实施后应定期进行审查与修订，不断更新与充实标准综合体。应指定专人在标准实施过程中跟踪检查，记录标准实施过程中的有关数据资料，做好信息反馈。

### 8.2 评价和验收

主管部门可组织各有关单位和人员根据标准综合体实施后的技术经济效益，进行评价和验收。

# 中华人民共和国国家标准

GB/T 13016—2018
代替GB/T 13016—2009

## 标准体系构建原则和要求

Principles and requirements for constructing standurd system

2018-02-06发布　　　　　　　　　　2018-09-01实施

中华人民共和国国家质量监督检验检疫总局
中国国家标准化管理委员会　发布

# 目　次

# 前　言

本标准按照 GB/T 1.1—2009 给出的规则起草。

本标准代替 GB/T 13016—2009《标准体系表编制原则和要求》，与 GB/T 13016—2009 相比主要变化如下：

——名称变更为"标准体系构建原则和要求"；

——修改了"范围"；

——删除了"规范性引用文件"（见 2009 版第 2 章）；

——在第 2 章，修改了"体系"，删除了"术语标准""过程标准""服务标准""接口标准""规范""规程"；

——增加了"环境""边界""标准体系模型"等术语（见 2009 版第 3 章）；

　　　——增加了"构建标准体系的一般方法"的内容（见第 4 章）；

——增加了几种典型的参考序列结构图，企业价值链序列结构、工业产品序列结构、信息服务序列结构、项目管理序列结构等序列结构图（见附录 A）；

——删除第 6 章，综合标准体系表（见 2009 版第 6 章）；

——删除原附录 A 和附录 B（见 2009 版附录 A、附录 B）。

本标准由中国标准化研究院提出并归口。

本标准的起草单位：中国标准化研究院。

本标准的主要起草人：岳高峰、杜俊鹏、朱虹、杨青海、孙兆洋、张育润。

本标准所代替标准的历次版本发布情况为：

——GB/T 13016—1991、GB/T 13016—2009。

# 引　言

　　构建标准体系是运用系统论指导标准化工作的一种方法。构建标准体系主要体现为编制标准体系结构图和标准明细表，提供标准统计表、编写标准体系编制说明，是开展标准体系建设的基础和前提工作，也是编制标准制、修订规划和计划的依据。标准体系表是一定范围内包含现有、应有和预计制定标准的蓝图，是一种标准体系模型。

# 标准体系构建原则和要求

## 1　范围

本标准规定了构建标准体系的基本原则、一般方法以及标准体系表内容要求。

本标准适用于各类标准体系的规划、设计和评价。

## 2　术语和定义

下列术语和定义适用于本文件。

### 2.1

**体系**　system
系统
由相互作用和相互依赖的若干组成部分结合而成的具有特定功能的有机整体。
**注 1**：系统可以指整个实体，系统的组件也可能是一个系统，此组件可称为子系统。
**注 2**：系统是由元素组成的。

### 2.2

**环境**　environment
存在于系统外且对系统产生影响作用的各种因素。

### 2.3

**边界**　border
区别系统内部元素与外部环境的界限。

### 2.4

**标准体系**　standard system
一定范围内的标准按其内在联系形成的科学的有机整体。

### 2.5

**标准体系模型**　model of standard system
用于表达、描述标准体系的目标、边界、范围、环境、结构关系并反映标准化发展规划的模型。
**注**：标准体系模型是用于策划、实施、检查和改进标准体系的方法或工具。

### 2.6

**标准体系表**　diagram of standard system
一种标准体系模型，通常包括标准体系结构图、标准明细表，还可以包含标准统计表和编制说明。

### 2.7

**行业**　industry
行业（或产业）是指从事相同性质的经济活动的所有单位的集合。
［GB/T 4754—2011，定义 2.1］

### 2.8

**专业**　sub‐industry
在一个行业（或产业）内细分的从事相同性质的经济活动的所有单位的集合。
**注**：GB/T 4754 中所指的"中类，小类"。考虑到习惯用法，仍称专业。

2.9

**相关标准** relevant standard

与本体系关系密切且需直接采用的其他体系内的标准。

2.10

**个性标准** particular standard

直接表达一种标准化对象（产品或系列产品、过程、服务或管理）的个性特征的标准。

2.11

**共性标准** common standard

同时表达存在于若干种标准化对象间所共有的共性特征的标准。

## 3 构建标准体系的基本原则

### 3.1 目标明确

标准体系是为业务目标服务的，构建标准体系应首先明确标准化目标。

### 3.2 全面成套

应围绕着标准体系的目标展开，体现在体系的整体性，即体系的子体系及子子体系的全面完整和标准明细表所列标准的全面完整。

### 3.3 层次适当

标准体系表应有恰当的层次：

a) 标准明细表中的每一项标准在标准体系结构图中应有相应的层次；

**注 1**：从一定范围的若干同类标准中，提取通用技术要求形成共性标准，并置于上层；

**注 2**：基础标准宜置于较高层次，即扩大其适用范围以利于一定范围内的统一。

b) 从个性标准出发，提取共性技术要求作为上一层的共性标准；

c) 为便于理解、减少复杂性，标准体系的层次不宜太多；

d) 同一标准不应同时列入两个或两个以上子体系中。

**注 3**：根据标准的适用范围，恰当地将标准安排在不同的层次。一般应尽量扩大标准的适用范围，或尽量安排在高层次上，即应在大范围内协调统一的标准不应在数个小范围内各自制定，以达到体系组成尽量合理简化。

### 3.4 划分清楚

标准体系表内的子体系或类别的划分，各子体系的范围和边界的确定，主要应按行业、专业或门类等标准化活动性质的同一性，而不宜按行政机构的管辖范围而划分。

## 4 构建标准体系的一般方法

### 4.1 确定标准化方针目标

在构建标准体系之前，应首先了解下列内容，以便于指导和统筹协调相关部门的标准体系构建工作：

a) 了解标准化所支撑的业务战略；

b) 明确标准体系建设的愿景、近期拟达到的目标；

c) 确定实现标准化目标的标准化方针或策略（实施策略）、指导思想、基本原则；

d) 确定标准体系的范围和边界。

### 4.2 调查研究

开展标准体系的调查研究，通常包括：

a) 标准体系建设的国内外情况；

b) 现有的标准化基础，包括已制定的标准和已开展的相关标准化研究项目和工作项目；

c) 存在的标准化相关问题；

d) 对标准体系的建设需求。

### 4.3　分析整理

根据标准体系建设的方针、目标以及具体的标准化需求，借鉴国内外现有的标准体系的结构框架，从标准的类型、专业领域、级别、功能、业务的生命周期等若干不同标准化对象的角度，对标准体系进行分析，从而确定标准体系的结构关系。

### 4.4　编制标准体系表

编制标准体系表，通常报告：

a) 确定标准体系结构图

根据不同维度的标准分析的结果，选择恰当的维度作为标准体系框架的主要维度，编制标准体系绪构图，编写标准体系结构的各级子体系、标准体系模块的内容说明。

b) 编制标准明细表

收集整理拟采用的国际标准、国家标准等外部标准和本领域已有的内部标准，提出近期和将来规划拟制定的标准列表，编制标准明细表。

c) 编写标准体系表编制说明

标准体系表编制说明的相关内容见5.4。

### 4.5　动态维护更新

标准体系是一个动态的系统，在使用过程中应不断优化完善，并随着业务需求、技术发展的不断变化进行维护更新。

## 5　标准体系表内容要求

### 5.1　标准体系结构图

#### 5.1.1　概述

标准体系结构图用于表达标准体系的范围、边界、内部结构，以及意图。标准体系表通常包括标准体系结构图、标准明细表、标准统计表和标准体系编制说明；标准体系的结构关系一般包括上下层之间的"层次"关系，或按一定的逻辑顺序排列起来的"序列"关系，也可由以上几种结构相结合的组合关系。

#### 5.1.2　符号与约定

编制标准体系表应符合以下符号约定：

a) 标准体系结构图用矩形方框表示，方框内的文字表示该标准体系或标准子体系的名称；

b) 通常，一个方框代表一组若干标准；如果方框内的文字有下划线，则方框仅表示体系标题之意，不包含具体的标准；

c) 每个方框可编上图号，并按图号编制标准明细表；

d) 方框间用实线或虚线连接；

e) 用实线表示方框间的层次关系、序列关系，不表示上述关系的连线用虚线；

f) 为了表示与其他系统的协调配套关系，用虚线连接表示本体系方框与相关标准间的关联关系；对虽由本体系负责制定的，而应属其他体系的标准亦作为相关标准并用虚线相连，且应在标准体系编制说明中加以说明。

### 5.1.3　层次结构

图 1 所示为我国标准体系的标准层次和标准级别的关系。

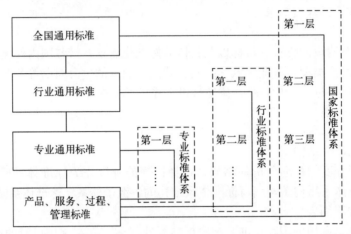

**注 1**：国家标准、行业标准、团体标准、地方标准、企业标准，根据标准发布机构的权威性，代表着不同标准级别；全国通用、行业通用、专业通用、产品标准，根据标准适用的领域和范围，代表标准体系的不同层次。

**注 2**：国家标准体系的范围涵盖跨行业全国通用综合性标准、行业范围通用的标准、专业范围通用的标准，以及产品标准、服务标准、过程标准和管理标准。

**注 3**：行业标准体系，是由行业主管部门规划、建设并维护的标准体系，涵盖本行业范围通用的标准、本行业的细分一级专业（二级专业……）标准，以及产品标准、服务标准、过程标准和管理标准。

**注 4**：团体标准是根据市场化机制由社会团体发布的标准，可能包括全国通用标准、行业通用标准、专业通用标准，以及产品标准、服务标准、过程标准或管理标准等，参见 GB/T 2004.1—2016《团体标准化　第 1 部分：良好行为指南》。

图 1　标准体系的层次和级别关系

在标准体系结构图中包含多个行业产品时的层次结构，可参照图 2 所示的结构图。

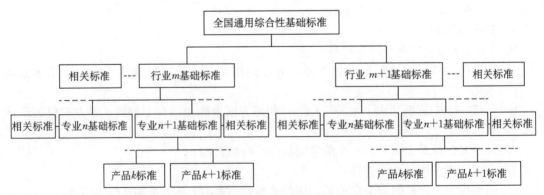

**注 1**：图内"专业 $n$ 基础标准"表示第 $m$ 个行业下的第 $n$ 个专业的基础标准。

**注 2**：图中的产品 $k$ 标准，指第 $k$ 个产品（或服务）标准。

图 2　多行业产品的标准体系层次结构

#### 5.1.4 序列结构

序列结构指围绕着产品、服务、过程的生命周期各阶段的具体技术要求，或空间序列等编制出的标准体系结构图，参见附录A。

#### 5.1.5 其他结构

除层次结构、序列结构之外，还可以根据业务需求，按照本标准的原则和要求，提出其他标准体系结构图，如功能归口结构、矩阵结构、三维结构等。

### 5.2 标准明细表

标准明细表的表头描述的是标准（或子体系）的不同属性。常见的标准明细表的表头，可以包含序号、标准体系编号、子体系名称、标准名称、引用标准编号、归口部门、缓急程度、宜定级别、标准状态等。标准明细表的一般格式如表1所示。

表1　××（层次或序列编号）标准明细表

| 序号 | 标准体系编号 | 子体系名称 | 标准名称 | 引用标准编号 | 归口部门 | 宜定级别 | 实施日期 | 备注 |
|---|---|---|---|---|---|---|---|---|
|  |  |  |  |  |  |  |  |  |
|  |  |  |  |  |  |  |  |  |
|  |  |  |  |  |  |  |  |  |

表1中，表头属性的含义如下：

a) 标准体系编号，纳入标准明细表的标准或子体系的编号，编号可包含子体系所在的层次含义；

b) 子体系名称，标准体系所包含子体系的名称；

c) 标准名称，已发布标准或拟制定标准的名称；

d) 引用标准编号，引用的外部标准编号；

e) 归口部门，标准或子体系的归口管理部门；

f) 宜定级别，拟制定或拟修订标准的级别，如国家标准、行业标准、地方标准、团体标准、企业标准等；

g) 实施日期，标准或子体系的已实施或拟实施的日期；

h) 备注，在以上列中没有包含的其他内容。

### 5.3 标准统计表

标准统计表格式根据统计目的而设置成不同的标准类别及统计项，一般格式如表2所示。

表2　标准统计表

| 统计项 | 应有数（个） | 现有数（个） | 现有数/应有数（％） |
|---|---|---|---|
| 标准类别 |  |  |  |
| 国家标准 |  |  |  |
| 行业标准 |  |  |  |
| 团体标准 |  |  |  |
| 地方标准 |  |  |  |
| 企业标准 |  |  |  |

（续）

| 统计项 | 应有数（个） | 现有数（个） | 现有数/应有数（%） |
|---|---|---|---|
| 共计 | | | |
| | | | |
| 基础标准 | | | |
| 方法标准 | | | |
| 产品、过程、服务标准 | | | |
| 零部件、元器件标准 | | | |
| 原材料标准 | | | |
| 安全、卫生、环保标准 | | | |
| 其他 | | | |
| 共计 | | | |

### 5.4 标准体系表编制说明

标准体系表编制说明的内容一般包括：

a）标准体系建设的背景；

b）标准体系的建设目标、构建依据及实施原则；

c）国内外相关标准化情况综述；

d）各级子体系划分原则和依据；

e）各级子体系的说明，包括主要内容、适用范围等；

f）与其他体系交叉情况和处理意见；

g）需要其他体系协调配套的意见；

h）结合统计表，分析现有标准与国际标准、国外标准的差距和薄弱环节，明确今后的主攻方向；

i）标准制修订规划建议；

j）其他。

## 附录 A
### （资料性附录）
### 参考序列结构图

### A.1　系统生命周期序列

图 A.1 所示是按照系统的生命周期阶段（概念阶段、开发阶段、生产阶段、使用阶段、支持阶段、退役阶段）展开的序列结构。

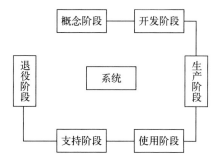

注1：序列中节点名称仅作示例用。
注2：序列形式的含义参见 GB/T 22032—2008 中生命周期阶段的划分。

图 A.1　序列结构图

### A.2　企业价值链序列

围绕企业的价值链而展开的序列结构，从企业的战略与文化、业务经营、管理支持等三个大的方面分解，如图 A.2 所示。

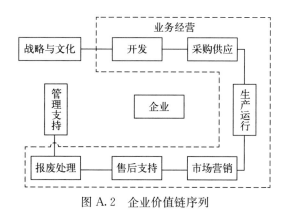

图 A.2　企业价值链序列

### A.3　工业产品生产序列

在制造业领城，围绕产品的设计、试验、生产制造、产品或半成品、销售、报废处理等环节为序列，制定不同阶段的标准，如图 A.3 所示。

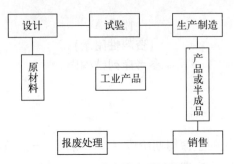

图 A.3　工业产品序列结构图

## A.4　信息服务序列

图 A.4 所示为围绕信息的采集、加工、存储、访问、开发利用、服务等序列结构。

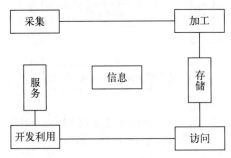

图 A.4　信息服务序列结构

## A.5　项目管理序列

图 A.5 所示为围绕工程项目的立项、工程建设、竣工验收、运行维护和评价等项目阶段而划分工程项目序列结构。

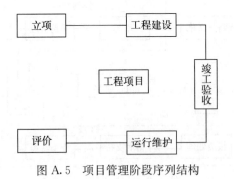

图 A.5　项目管理阶段序列结构

# 参 考 文 献

[1] GB/T 18999—2003　工业自动化系统　企业模型的概念与规则

[2] GB/T 22032—2008　系统工程　系统生存周期过程

# 中华人民共和国国家标准

GB/T 33450—2016

## 科技成果转化为标准指南

Guideline for the transformation from scientific and techuical achievement
to standard

2016-12-30发布

2017-07-01实施

中华人民共和国国家质量监督检验检疫总局
中国国家标准化管理委员会　发布

# 目　次

# 前　　言

本标准按照 GB/T 1.1—2009 给出的规则起草。

本标准由全国服务标准化技术委员会（SAC/TC264）提出并归口。

本标准起草单位：中国标准化研究院。

本标准主要起草人：李涵、曹俐莉、杨朔、曾毅、侯非、万福军、张雨辰。

# 引　言

　　标准是促进科技成果转化为生产力的桥梁和纽带。《中华人民共和国促进科技成果转化法》对强化标准化工作、促进科技成果转化应用提出了要求。

　　当前，标准研发和科技创新同步趋势明显，标准研制逐步嵌入到科技活动各个环节中，为科技成果快速进入市场、形成产业提供了重要支撑和保障。本标准提出了推动科技成果转化为标准的通用路径，为指导各行业、各类组织将科技成果转化为标准是供总体指导。

# 科技成果转化为标准指南

## 1 范围

本标准规定了科技成果转化为标准的需求分析、可行性分析、标准类型与内容的确定，以及标准编写等要求。

本标准适用于基于科技成果研制我国标准的活动。

## 2 规范性引用文件

下列文件对于术文件的应用是必不可少的。凡是注日期的引用文件，仅注日期的版本适用于本文件。凡是不注日期的引用文件，其最新版本（包括所有的修改单）适用于本文件。

GB/T 1.1 标准化工作导则 第1部分：标准的结构和编写

GB/T 16733 国家标准制定 程序的阶段划分及代码

GB/T 20000.1 标准化工作指南 第1部分：标准化和相关活动的通用术语

GB/T 20001.1 标准编写规则 第1部分：术语

GB/T 20001.2 标准编写规则 第2部分：符号标准

GB/T 20001.3 标准编写规则 第3部分：分类标准

GB/T 20001.4 标准编写规则 第4部分：试验方法标准

GB/T 20001.10 标准编写规则 第10部分：产品标准

GB/T 20003.1 标准制定的特殊程序 第1部分：涉及专利的标准

GB/T 28222 服务标准编写通则

## 3 术语和定义

GB/T 20000.1界定的以及下列术语和定义适用于本文件。

### 3.1

**科技成果** scientific and technical achievement

在科学技术活动中通过智力劳动所得出的具有实用价值的知识产品。

### 3.2

**标准** standard

通过标准化活动，按照规定的程序经协商一致制定，为各种活动或其结果提供规则、指南或特性，供共同使用和重复使用的文件。

注1：标准宜以科学、技术和经验的综合成果为基础。

注2：规定的程序指制定标准的机构颁布的标准制定程序。

注3：诸如国际标准、区域标准、国家标准等，由于它们可以公开获得以及必要时通过修正或修订保持与最新技术水平同步，因此它们被视为构成了公认的技术规则。其他层次上通过的标准，诸如专业协（学）会标准、企业标准等，在地坡上可影响几个国家。

［GB/T 20000.1—2014，定义5.3］

## 4 科技成果转化为标准需求分析

科技成果转化为标准前要做需求分析，对科技成果转化为标准的必要性进行初步评估。

需求分析宜考虑的因素包括但不限于：

　　a）符合各类组织、地方、行业规范自身发展，提高管理效率的需求；

　　b）符合企业推广新技术、新产品的试验开发和应用推广的需求；

　　c）符合各类组织保障产品、服务质量，树立自身品牌、扩大影响力的需求；

　　d）符合相关行业建立接口，保证互换性、兼容性，降低系统运行成本的需求；

　　e）符合消费者权益保护、保护环境、保障安全和健康的社会公益需求；

　　f）符合企业参与建立市场规则的需求；

　　g）符合企业、行业参与国际事务、国际贸易、突破技术性贸易壁垒的需求。

## 5　科技成果转化为标准可行性分析

### 5.1　科技成果的标准特性分析

　　要分析科技成果是否具有标准的以下基本特性：

　　a）共同使用特性，拟转化为标准的科技成果在一定范围内（如某企业、区域、行业或全国范围）被相关主体共同使用；

　　b）重复使用特性，拟转化为标准的科技成果不应仅适用于一次性活动。

### 5.2　科技成果的技术成熟度分析

#### 5.2.1　一般要求

　　要对拟转化为标准的科技成果的成熟度和认可度进行评估。评估时考虑的因素包括：

　　a）该科技成果所处的生命周期；

　　b）该科技成果推广应用的时间、范围及认可程度；

　　c）该科技成果与相关技术的协调性；

　　d）该科技成果对行业技术进步的推动作用。

#### 5.2.2　特殊要求

　　对于高新技术等发展更新较快，且属于国际竞争前沿的领域，宜从技术先进性、适用性角度对拟转化为标准的科技成果进行评估。评估时考虑的因素包括：

　　a）该科技成果是否解决了该领域的技术难题或行业热点问题；

　　b）与同行业相比，该科技成果是否达到国内或国际领先程度；

　　c）该科技成果的设计思想、工艺技术特点是否符合市场发展导向。

### 5.3　科技成果的推广应用前景分析

　　要对拟转化为标准的科技成果的未来推广应用前景进行评估。评估时考虑的因素包括：

　　a）成果所属产业的性质：

　　　1）产业在国民经济发展中的优先次序；

　　　2）产业关联度；

　　　3）产业的成长性；

　　　4）产业的国内或国际竞争力。

　　b）与市场对接的有效性：

　　　1）市场的需求量；

　　　2）现有市场占有率；

　　　3）是否属于市场主导型技术；

　　　4）市场风险。

　　c）对经济的带动作用：

1）对产品更新换代的作用；

2）对国民经济某一行业或领域发展的带动作用；

3）对产业结构优化和升级的作用。

d）对社会发展的带动作用：

1）对保障公共服务质量的作用；

2）对环境、生态、资源以及社会可持续发展的作用；

3）对促进社会治理、维护国家安全和利益的作用。

### 5.4　与同领域现有标准的协调性分析

要对拟转化标准与同领域现有标准的协调性进行评估，评估时做到：

a）明确拟转化为标准的科技成果的所属领域；

b）与所属领域的标准化归口部门或标准化技术委员会加强沟通，掌握该领域标准体系总体现状（含已发布的标准、已立项的在研标准计划项目）；

c）从标准适用范围、核心内容与指标等角度，重点分析拟转化标准与同领域相关标准的协调性，避免标准间的重复交叉。

## 6　科技成果转化为标准的类型与内容确定

### 6.1　确定标准类型考虑的因素

#### 6.1.1　标准适用范围

要根据标准适用范围的不同，确定科技成果转化为标准的类型：

a）对在我国某个企业内推广使用的科技成果，制定企业标准；

b）对在我国某个省/自治区/直辖市内推广使用、具有地方特色的科技成果，制定地方标准；

c）对在我国某个社会组织（如学会、协会、商会、联合会）或产业技术联盟内推广使用的科技成果，制定团体标准；

d）对在我国某个行业内推广使用的科技成果，制定行业标准；

e）对在我国跨不同行业、不同区域推广使用的科技成果，制定国家标准。

#### 6.1.2　标准约束力

要根据标准内容的法律约束性不同，确定科技成果转化为标准的属性：

a）对涉及保护国家安全，防止欺诈行为、保护消费者利益，保护人身健康和安全，保护动植物的生命和健康，保护环境的技术成果，制定强制性标准；

b）对上述五类情况之外的其他科技成果，制定推荐性标准。

#### 6.1.3　标准技术成熟度

对于仍处于技术发展过程中的技术成果，宜制定标准化指导性技术文件。

### 6.2　标准核心内容的确定

#### 6.2.1　术语标准的主要内容

术语标准的主要技术要素为术语条目。术语条目包括条目编号、首选术语、英文对应词、定义，根据需要可增加许用术语、符号、拒用和被取代术语概念的其他表述方式（包括图、公式等），参见相关条目、示例、注等。

#### 6.2.2　符号标准的主要内容

符号标准的主要技术要素包括符号编号、符号、符号名称（含义）、符号说明等，这些内容通常以表格的形式列出。

### 6.2.3　方法标准的主要内容

方法标准是规定通用性方法的标准，技术要索通常以试验检查、分析、抽样、统计、计算、测定、作业等方法为对象，如试验方法、检查方法、分析计法、测定方法、抽样方法、设计规范、计算方法、工艺规程、作业指导书、生产方法、操作方法及包装、运输方法等。

### 6.2.4　产品标准的主要内容

产品标准的主要内容是规定产品应满足的要求，通常用性能特性表示。根据需要，还可规范产品试验方法、术语、包装和标签、工艺要求等要求。

### 6.2.5　过程标准的主要内容

过程标准（如设计规程、工艺规程、检验标准、安装规程等）的主要技术要素是过程应满足的要求，过程标准可规定具体的操作要求，也可推荐首选的惯例。

### 6.2.6　服务标准的主要内容

服务标准的主要技术要素是服务应满足的要求，包括服务提供者供方、服务人员、服务合同、服务支付、服务交付、服务环境、服务设备、补救措施、服务沟通等。

## 7　科技成果转化为标准的编写要求

### 7.1　程序要求

科技成果转化为标准的具体起草程序需满足 GB/T 16733 的要求。

### 7.2　文本要求

科技成果转化为标准的具体起草格式，总体需满足 GB/T 1.1 的要求。

对于不同类别标准的编写，还需满足其他具体要求：

——术语标准的编写满足 GB/T 20001.1 的要求；

——符号标准的编写满足 GB/T 20001.2 的要求；

——分类标准的编写满足 GB/T 20001.3 的要求；

——试验方次标准的编写满足 GB/T 20001.4 的要求；

——产品标准的编写部足 GB/T 20001.10 的要求；

——服务标准的编写满足 GB/T 28222 的要求。

标准编制说明中，要对科技成果转化为标准的背景等情况进行说明。除标准编制说明外，宜有对科研成果的描述、研究报告、技术试验论证报告等其他材料。

### 7.3　标准中涉及专利问题的处理

对于科技成果转化为标准中涉及专利的问题的处理，要满足 GB/T 20003.1 的要求。

# 附录 4　我国水产标准目录

我国水产标准目录见附表 4-1。

附表 4-1　我国水产标准目录

| 序号 | 标准代号 | 标准名称 |
|---|---|---|
| 1 | GB/T 22213—2008 | 水产养殖术语 |
| 2 | GB/T 10029—2010 | 团头鲂 |
| 3 | GB/T 19163—2010 | 牛蛙 |
| 4 | GB/T 21044—2007 | 中华鳖 |
| 5 | GB/T 16875—2006 | 兴国红鲤 |
| 6 | GB/T 18395—2010 | 彭泽鲫 |
| 7 | GB/T 21444—2008 | 青海湖裸鲤 |
| 8 | GB/T 20553—2006 | 三角帆蚌 |
| 9 | GB/T 17715—1999 | 草鱼 |
| 10 | GB/T 17716—1999 | 青鱼 |
| 11 | GB/T 17717—1999 | 鲢 |
| 12 | GB/T 17718—1999 | 鳙 |
| 13 | GB/T 19783—2005 | 中华绒螯蟹 |
| 14 | GB/T 16873—2006 | 散鳞镜鲤 |
| 15 | GB/T 21045—2007 | 大口黑鲈 |
| 16 | GB/T 16874—2006 | 方正银鲫 |
| 17 | GB/T 21325—2007 | 建鲤 |
| 18 | GB/T 20555—2006 | 日本沼虾 |
| 19 | GB/T 15806—2006 | 青鱼、草鱼、鲢、鳙鱼卵受精率计算方法 |
| 20 | GB/T 18654.1—2008 | 养殖鱼类种质检验　第 1 部分：检验规则 |
| 21 | GB/T 18654.2—2008 | 养殖鱼类种质检验　第 2 部分：抽样方法 |
| 22 | GB/T 18654.3—2008 | 养殖鱼类种质检验　第 3 部分：性状测定 |
| 23 | GB/T 18654.4—2008 | 养殖鱼类种质检验　第 4 部分：年龄与生长的测定 |
| 24 | GB/T 18654.5—2008 | 养殖鱼类种质检验　第 5 部分：食性分析 |
| 25 | GB/T 18654.6—2008 | 养殖鱼类种质检验　第 6 部分：繁殖性能的测定 |
| 26 | GB/T 18654.7—2008 | 养殖鱼类种质检验　第 7 部分：生态特性分析 |
| 27 | GB/T 18654.8—2008 | 养殖鱼类种质检验　第 8 部分：耗氧率与临界窒息点的测定 |
| 28 | GB/T 18654.9—2008 | 养殖鱼类种质检验　第 9 部分：含肉率测定 |
| 29 | GB/T 18654.10—2008 | 养殖鱼类种质检验　第 10 部分：肌肉营养成分的测定 |

（续）

| 序号 | 标准代号 | 标准名称 |
|---|---|---|
| 30 | GB/T 18654.11—2008 | 养殖鱼类种质检验　第 11 部分：肌肉中主要氨基酸含量的测定 |
| 31 | GB/T 18654.12—2008 | 养殖鱼类种质检验　第 12 部分：染色体组型分析 |
| 32 | GB/T 18654.13—2008 | 养殖鱼类种质检验　第 13 部分：同工酶电泳分析 |
| 33 | GB/T 18654.14—2008 | 养殖鱼类种质检验　第 14 部分：DNA 含量的测定 |
| 34 | GB/T 18654.15—2008 | 养殖鱼类种质检验　第 15 部分：RAPD 分析 |
| 35 | GB/T 19527—2004 | 青海湖裸鲤繁育技术规程 |
| 36 | GB/T 19528—2004 | 奥尼罗非鱼亲本保存技术规范 |
| 37 | GB/T 5055—2008 | 青鱼、草鱼、鲢、鳙　亲鱼 |
| 38 | GB/T 10030—2006 | 团头鲂鱼苗、鱼种 |
| 39 | GB/T 11776—2006 | 草鱼鱼苗、鱼种 |
| 40 | GB/T 11777—2006 | 鲢鱼苗、鱼种 |
| 41 | GB/T 11778—2006 | 鳙鱼苗、鱼种 |
| 42 | GB/T 9956—2011 | 青鱼鱼苗、鱼种 |
| 43 | GB/T 22911—2008 | 黄鳝 |
| 44 | GB/T 26435—2010 | 中华绒螯蟹　亲蟹、苗种 |
| 45 | GB/T 26439—2010 | 鲮 |
| 46 | GB/T 26440—2010 | 欧洲鳗鲡 |
| 47 | GB/T 25884—2010 | 蛙类形态性状测定 |
| 48 | GB/T 25888—2010 | 月鳢 |
| 49 | GB/T 26876—2011 | 中华鳖池塘养殖技术规范 |
| 50 | GB/T 27623.1—2011 | 渔用抗菌药物药效试验技术规范　第 1 部分：常量肉汤稀释法药物敏感性试验 |
| 51 | GB/T 27623.2—2011 | 渔用抗菌药物药效试验技术规范　第 2 部分：人工感染防治试验 |
| 52 | GB/T 32713—2016 | 刀鲚人工繁育技术规范 |
| 53 | GB/T 32780—2016 | 哲罗鱼 |
| 54 | GB/T 32781—2016 | 中华鲟 |
| 55 | GB/T 33111—2016 | 达氏鲟 |
| 56 | GB/T 34730—2017 | 刀鲚　亲鱼和苗种 |
| 57 | GB/T 34731—2017 | 暗纹东方鲀　亲鱼和苗种 |
| 58 | GB/T 34727—2017 | 龟类种质测定 |
| 59 | GB/T 34732—2017 | 松江鲈人工繁育技术规范 |
| 60 | GB/T 34748—2017 | 水产种质资源基因组 DNA 的微卫星分析 |
| 61 | GB/T 34752—2017 | 松江鲈 |
| 62 | GB/T 37107—2018 | 暗纹东方鲀人工繁育技术规范 |

（续）

| 序号 | 标准代号 | 标准名称 |
|---|---|---|
| 63 | NY/T 1351—2007 | 黄颡鱼养殖技术规程 |
| 64 | SC/T 0004—2006 | 水产养殖质量安全管理规范 |
| 65 | SC/T 0005—2007 | 对虾养殖质量安全管理技术规程 |
| 66 | SC 1059—2002 | 渔用含氯消毒剂 |
| 67 | SC 1065—2003 | 养殖鱼类品种命名规则 |
| 68 | SC/T 1088—2007 | 水产养殖的量、单位和符号 |
| 69 | SC/T 1075—2006 | 鱼苗、鱼种运输通用技术要求 |
| 70 | SC 1054—2002 | 罗氏沼虾 |
| 71 | SC 1043—2001 | 黄河鲤 |
| 72 | SC 1031—2001 | 斑点叉尾鲴 |
| 73 | SC 1064—2003 | 大口牛胭脂鱼 |
| 74 | SC 1070—2004 | 黄颡鱼 |
| 75 | SC 1038—2000 | 鳜 |
| 76 | SC 1040—2000 | 长吻鮠 |
| 77 | SC 1041—2000 | 瓦氏黄颡鱼 |
| 78 | SC/T 1052—2002 | 乌鳢 |
| 79 | SC 1037—2000 | 鲂 |
| 80 | SC 1039—2000 | 南方鲇 |
| 81 | SC 1067—2004 | 大银鱼 |
| 82 | SC 1019—1997 | 荷包红鲤 |
| 83 | SC l053—2002 | 短盖巨脂鲤 |
| 84 | SC/T 1027—2016 | 尼罗罗非鱼 |
| 85 | SC 1104—2007 | 泥鳅 |
| 86 | SC/T 1034—1999 | 黑龙江鲤 |
| 87 | SC/T 1035—1999 | 德国镜鲤选育系（F4） |
| 88 | SC 1062—2003 | 松浦银鲫 |
| 89 | SC/T 1042—2016 | 奥利亚罗非鱼 |
| 90 | SC 1036—2000 | 虹鳟 |
| 91 | SC 1092—2007 | 麦瑞加拉鲮 |
| 92 | SC 1090—2006 | 怀头鲇 |
| 93 | SC 1093—2007 | 黄喉拟水龟 |
| 94 | SC/T 1103—2008 | 松浦鲤 |
| 95 | SC/T 1087.1—2006 | 渔药毒性试验方法　第1部分：外用渔药急性毒性试验 |

| 序号 | 标准代号 | 标准名称 |
|------|---------|---------|
| 96 | SC/T 1087.2—2006 | 渔药毒性试验方法　第2部分：外用渔药慢性毒性试验 |
| 97 | SC/T 1105—2007 | 罗非鱼鱼种性别鉴定方法 |
| 98 | SC/T 1102—2008 | 虾类性状测定 |
| 99 | SC/T 1101—2008 | 湖泊渔业生态类型参数 |
| 100 | SC/T 1083—2007 | 诺氟沙星、恩诺沙星水产养殖使用规范 |
| 101 | SC/T 1086—2007 | 施氏鲟养殖技术规程 |
| 102 | SC/T 1099—2007 | 中华绒螯蟹人工育苗技术规范 |
| 103 | SC/T 1016.2—1995 | 中国池塘养鱼技术规范　华北地区食用鱼饲养技术 |
| 104 | SC/T 1033.1—1999 | 罗氏沼虾养殖技术规范　亲虾 |
| 105 | SC/T 1033.2—1999 | 罗氏沼虾养殖技术规范　人工繁殖技术 |
| 106 | SC/T 1033.3—1999 | 罗氏沼虾养殖技术规范　幼虾培育技术 |
| 107 | SC/T 1033.4—1999 | 罗氏沼虾养殖技术规范　食用虾饲养技术 |
| 108 | SC/T 1033.5—1999 | 罗氏沼虾养殖技术规范　虾苗运输技术 |
| 109 | SC/T 1081—2006 | 黄河鲤养殖技术规范 |
| 110 | SC/T 1009—2006 | 稻田养鱼技术规范 |
| 111 | SC/T 1069.1—2004 | 暗纹东方鲀养殖技术规范　第1部分：亲鱼 |
| 112 | SC/T 1069.2—2004 | 暗纹东方鲀养殖技术规范　第2部分：人工繁育技术 |
| 113 | SC/T 1069.3—2004 | 暗纹东方鲀养殖技术规范　第3部分：鱼苗鱼种培育技术 |
| 114 | SC/T 1069.4—2004 | 暗纹东方鲀养殖技术规范　第4部分：养成技术 |
| 115 | SC/T 1008—2012 | 淡水鱼苗种池塘常规培育技术规范 |
| 116 | SC/T 1017—1995 | 池塘养鱼验收规则 |
| 117 | SC/T 1018—1995 | 网箱养鱼验收规则 |
| 118 | SC/T 1044.3—2001 | 尼罗罗非鱼养殖技术规范　鱼苗、鱼种 |
| 119 | SC/T 1045—2001 | 奥利亚罗非鱼　亲鱼 |
| 120 | SC/T 1046—2001 | 奥尼罗非鱼制种技术要求 |
| 121 | SC/T 1049—2006 | 低洼盐碱地池塘养殖技术规范 |
| 122 | SC/T 1016.3—1995 | 中国池塘养鱼技术规范　西北地区食用鱼饲养技术 |
| 123 | SC/T 1013—1988 | 粘性鱼卵脱粘孵化技术要求 |
| 124 | SC/T 1016.6—1995 | 中国池塘养鱼技术规范　长江中上游地区食用鱼饲养技术 |
| 125 | SC/T 1014—1989 | 鳙鱼、鲴鱼亲鱼　培育技术要求 |
| 126 | SC/T 1020—1989 | 草鱼亲鱼　培育技术要求 |
| 127 | SC/T 1005—1992 | 鲤鱼杂交育种技术要求 |
| 128 | SC/T 1048.1—2001 | 颖鲤养殖技术规范　亲鱼 |

（续）

| 序号 | 标准代号 | 标准名称 |
|---|---|---|
| 129 | SC/T 1048.2—2001 | 颖鲤养殖技术规范 人工繁殖技术 |
| 130 | SC/T 1048.3—2001 | 颖鲤养殖技术规范 苗种 |
| 131 | SC/T 1048.4—2001 | 颖鲤养殖技术规范 苗种培育技术 |
| 132 | SC/T 1048.5—2001 | 颖鲤养殖技术规范 食用鱼饲养技术 |
| 133 | SC/T 1084—2006 | 磺胺类药物水产养殖使用规范 |
| 134 | SC/T 1030.4—1999 | 虹鳟养殖技术规范 鱼苗鱼种培育技术 |
| 135 | SC/T 1030.3—1999 | 虹鳟养殖技术规范 人工繁殖技术 |
| 136 | SC/T 1028—1999 | 化肥养鱼技术要求 |
| 137 | SC/T 1029.1—1999 | 革胡子鲇养殖技术规范 亲鱼 |
| 138 | SC/T 1029.2—1999 | 革胡子鲇养殖技术规范 人工繁殖技术 |
| 139 | SC/T 1029.3—1999 | 革胡子鲇养殖技术规范 鱼苗鱼种培育技术 |
| 140 | SC/T 1029.4—1999 | 革胡子鲇养殖技术规范 鱼苗鱼种质量要求 |
| 141 | SC/T 1029.5—1999 | 革胡子鲇养殖技术规范 食用商品鱼饲养技术 |
| 142 | SC/T 1029.6—1999 | 革胡子鲇养殖技术规范 越冬保种技术 |
| 143 | SC/T 1057—2002 | 银鱼移植、增殖技术规范 大银鱼移植、增殖技术 |
| 144 | SC/T 1058—2002 | 银鱼移植、增殖技术规范 太湖新银鱼移植、增殖技术 |
| 145 | SC/T 1085—2006 | 四环素类药物水产养殖使用规范 |
| 146 | SC/T 1030.5—1999 | 虹鳟养殖技术规范 池塘饲养食用鱼技术 |
| 147 | SC/T 1030.6—1999 | 虹鳟养殖技术规范 网箱饲养食用鱼技术 |
| 148 | SC/T 1016.5—1995 | 中国池塘养鱼技术规范 长江下游地区食用鱼饲养技术 |
| 149 | SC/T 1080.1—2006 | 建鲤养殖技术规范 第1部分：亲鱼 |
| 150 | SC/T 1080.2—2006 | 建鲤养殖技术规范 第2部分：人工繁殖技术 |
| 151 | SC/T 1080.3—2006 | 建鲤养殖技术规范 第3部分：鱼苗、鱼种 |
| 152 | SC/T 1080.4—2006 | 建鲤养殖技术规范 第4部分：鱼苗、鱼种培育技术 |
| 153 | SC/T 1080.5—2006 | 建鲤养殖技术规范 第5部分：食用鱼池塘饲养技术 |
| 154 | SC/T 1080.6—2006 | 建鲤养殖技术规范 第6部分：食用鱼网箱饲养技术 |
| 155 | SC/T 1030.1—1999 | 虹鳟养殖技术规范 亲鱼 |
| 156 | SC/T 1030.2—1999 | 虹鳟养殖技术规范 亲鱼培育技术 |
| 157 | SC/T 1030.7—1999 | 虹鳟养殖技术规范 配合颗粒饲料 |
| 158 | SC/T 1016.1—1995 | 中国池塘养鱼技术规范 东北地区食用鱼饲养技术 |
| 159 | SC/T 1100—2007 | 中华绒螯蟹池塘、湖泊网围生态养殖技术规范 |
| 160 | SC/T 1032.1—1999 | 鳜养殖技术规范 亲鱼 |
| 161 | SC/T 1032.2—1999 | 鳜养殖技术规范 亲鱼培育 |

（续）

| 序号 | 标准代号 | 标准名称 |
|------|----------|----------|
| 162 | SC/T 1032.4—1999 | 鳜养殖技术规范　网箱培育苗种技术 |
| 163 | SC/T 1032.6—1999 | 鳜养殖技术规范　池塘饲养食用鱼技术 |
| 164 | SC/T 1032.7—1999 | 鳜养殖技术规范　网箱饲养食用鱼技术 |
| 165 | SC/T 1055—2006 | 日本鳗鲡鱼苗、鱼种 |
| 166 | SC/T 1091.1—2006 | 草型湖泊网围养殖技术规范　第1部分：养鱼 |
| 167 | SC/T 1091.2—2006 | 草型湖泊网围养殖技术规范　第2部分：养蟹 |
| 168 | SC/T 1091.3—2006 | 草型湖泊网围养殖技术规范　第3部分：鱼蟹混养 |
| 169 | SC/T 1094—2007 | 德国镜鲤选育系（F4）亲鱼、苗种 |
| 170 | SC/T 1032.3—1999 | 鳜养殖技术规范　人工繁殖技术 |
| 171 | SC/T 1032.5—1999 | 鳜养殖技术规范　苗种 |
| 172 | SC/T 1015—2006 | 鲢、鳙催产技术要求 |
| 173 | SC/T 1021—2006 | 草鱼催产技术要求 |
| 174 | SC/T 1023—2006 | 青鱼催产技术要求 |
| 175 | SC/T 1095—2007 | 怀头鲇　亲鱼、苗种 |
| 176 | SC/T 1016.7—1995 | 中国池塘养鱼技术规范　珠江三角洲地区食用鱼饲养技术 |
| 177 | SC/T 1098—2007 | 大口黑鲈　亲鱼、鱼苗和鱼种 |
| 178 | SC/T 1096—2007 | 短盖巨脂鲤　亲鱼 |
| 179 | SC/T 1097—2007 | 短盖巨脂鲤　鱼苗、鱼种 |
| 180 | SC/T 1061—2002 | 长吻鮠养殖技术规范　苗种 |
| 181 | SC/T 1050—2002 | 南方鲇养殖技术规范　亲鱼 |
| 182 | SC/T 1006—1992 | 淡水网箱养鱼　通用技术要求 |
| 183 | SC/T 1007—1992 | 淡水网箱养鱼　操作技术规程 |
| 184 | SC/T 1016.4—1995 | 中国池塘养鱼技术规范　西南地区食用鱼饲养技术 |
| 185 | SC/T 1060—2002 | 长吻鮠养殖技术规范　亲鱼 |
| 186 | SC/T 1051—2002 | 南方鲇养殖技术规范　苗种 |
| 187 | SC/T 1022—1989 | 青鱼亲鱼　培育技术要求 |
| 188 | SC 1012—1984 | 鱼用促黄体素释放激素类似物（LRH－A） |
| 189 | SC 1011—1984 | 鱼用绒毛膜促性腺激素 |
| 190 | SC/T 1107—2010 | 中华鳖　亲鳖和苗种 |
| 191 | SC/T 1106—2010 | 渔用药物代谢动力学和残留试验技术规范 |
| 192 | SC/T 1108—2011 | 鳖类性状测定 |
| 193 | SC/T 1109—2011 | 淡水无核珍珠养殖技术规程 |
| 194 | SC/T 1110—2011 | 罗非鱼养殖质量安全管理技术规范 |

（续）

| 序号 | 标准代号 | 标准名称 |
|---|---|---|
| 195 | SC/T 1111—2012 | 河蟹养殖质量安全管理技术规程 |
| 196 | SC/T 1112—2012 | 斑点叉尾鮰 亲鱼和苗种 |
| 197 | SC/T 1115—2012 | 剑尾鱼 RR-B系 |
| 198 | SC/T 1116—2012 | 水产新品种审定技术规范 |
| 199 | SC/T 1114—2014 | 大鲵 |
| 200 | SC/T 1117—2014 | 施氏鲟 |
| 201 | SC/T 1118—2014 | 广东鲂 |
| 202 | SC/T 1119—2014 | 乌鳢 亲鱼和苗种 |
| 203 | SC/T 1120—2014 | 奥利亚罗非鱼 苗种 |
| 204 | SC/T 1123—2015 | 翘嘴鲌 |
| 205 | SC/T 1124—2015 | 黄颡鱼 亲鱼和苗种 |
| 206 | SC/T 1128—2016 | 黄尾鲴 |
| 207 | SC/T 1129—2016 | 乌龟 |
| 208 | SC/T 1131—2016 | 黄喉拟水龟 亲龟和苗种 |
| 209 | SC/T 1132—2016 | 渔药使用规范 |
| 210 | SC/T 1133—2016 | 细鳞鱼 |
| 211 | SC/T 1134—2016 | 广东鲂 亲鱼和苗种 |
| 212 | SC/T 1121—2016 | 尼罗罗非鱼 亲鱼 |
| 213 | SC/T 1122—2016 | 黄鳝 亲鱼和苗种 |
| 214 | SC/T 1125—2016 | 泥鳅 亲鱼和苗种 |
| 215 | SC/T 1126—2016 | 斑鳢 |
| 216 | SC/T 1127—2016 | 刀鲚 |
| 217 | SC/T 1136—2018 | 蒙古鲌 |
| 218 | SC/T 1135.1—2017 | 稻渔综合种养技术规范 第1部分：通则 |
| 219 | GB/T 21046—2007 | 条斑紫菜 |
| 220 | GB/T 20552—2006 | 太平洋牡蛎 |
| 221 | GB/T 19782—2005 | 中国对虾 |
| 222 | GB/T 21047—2007 | 眼斑拟石首鱼 |
| 223 | GB/T 20554—2006 | 海带 |
| 224 | GB/T 21442—2008 | 栉孔扇贝 |
| 225 | GB/T 20556—2006 | 三疣梭子蟹 |
| 226 | GB/T 19162—2011 | 梭鱼 |
| 227 | GB/T 21443—2008 | 海湾扇贝 |

（续）

| 序号 | 标准代号 | 标准名称 |
|---|---|---|
| 228 | GB/T 16872—2008 | 栉孔扇贝　苗种 |
| 229 | GB/T 21438—2008 | 栉孔扇贝　亲贝 |
| 230 | GB/T 16871—2008 | 梭鱼亲鱼和鱼种 |
| 231 | GB/T 15807—2008 | 海带养殖夏苗　苗种 |
| 232 | GB/T 21326—2007 | 黑鲷　亲鱼和苗种 |
| 233 | GB/T 15101.1—2008 | 中国对虾　亲虾 |
| 234 | GB/T 15101.2—2008 | 中国对虾　苗种 |
| 235 | GB/T 22913—2008 | 石鲽 |
| 236 | GB/T 24859—2010 | 魁蚶　苗种 |
| 237 | GB/T 24860—2010 | 圆斑星鲽 |
| 238 | GB/T 25877—2010 | 淀粉胶电泳同工酶分析 |
| 239 | GB/T 25166—2010 | 裙带菜 |
| 240 | GB/T 26619—2011 | 斑节对虾 |
| 241 | GB/T 26620—2011 | 钝吻黄盖鲽 |
| 242 | GB/T 26621—2011 | 日本对虾 |
| 243 | GB/T 27520—2011 | 暗纹东方鲀 |
| 244 | GB/T 27625—2011 | 红鳍东方鲀人工繁育技术规范 |
| 245 | GB/T 30890—2014 | 凡纳滨对虾育苗技术规范 |
| 246 | GB/T 32712—2016 | 条斑紫菜　种藻 |
| 247 | GB/T 32755—2016 | 大黄鱼 |
| 248 | GB/T 32756—2016 | 刺参　亲参和苗种 |
| 249 | GB/T 32757—2016 | 贝类染色体组型分析 |
| 250 | GB/T 32758—2016 | 海水鱼类鱼卵、苗种计数方法 |
| 251 | GB/T 33109—2016 | 花鲈　亲鱼和苗种 |
| 252 | GB/T 33110—2016 | 斑节对虾　亲虾和苗种 |
| 253 | GB/T 35376—2017 | 日本对虾　亲虾和苗种 |
| 254 | GB/T 21441—2018 | 牙鲆 |
| 255 | GB/T 35896—2018 | 脊尾白虾 |
| 256 | GB/T 35897—2018 | 条斑紫菜　半浮动筏式栽培技术规范 |
| 257 | GB/T 35898—2018 | 条斑紫菜　全浮动筏式栽培技术规范 |
| 258 | GB/T 35899—2018 | 条斑紫菜　海上出苗培育技术规范 |
| 259 | GB/T 35902—2018 | 毛蚶 |
| 260 | GB/T 35903—2018 | 牙鲆　亲鱼和苗种 |

（续）

| 序号 | 标准代号 | 标准名称 |
|---|---|---|
| 261 | GB/T 35907—2018 | 条斑紫菜　冷藏网操作技术规范 |
| 262 | GB/T 35938—2018 | 条斑紫菜　丝状体培育技术规范 |
| 263 | SC 2052—2007 | 魁蚶 |
| 264 | SC 2035—2006 | 文蛤 |
| 265 | SC 2032—2006 | 虾夷扇贝 |
| 266 | SC 2011—2004 | 皱纹盘鲍 |
| 267 | SC 2050—2007 | 花鲈 |
| 268 | SC 2018—2010 | 红鳍东方鲀 |
| 269 | SC 2022—2004 | 真鲷 |
| 270 | SC 2055—2006 | 凡纳滨对虾 |
| 271 | SC 2081—2007 | 菲律宾蛤仔 |
| 272 | SC 2051—2007 | 大菱鲆 |
| 273 | SC 2056—2006 | 青蛤 |
| 274 | SC/T 2024—2006 | 种海带 |
| 275 | SC 2030—2004 | 黑鲷 |
| 276 | SC 2080—2007 | 毛蚶 |
| 277 | SC/T 2039—2007 | 海水鱼类鱼卵、苗种计数方法 |
| 278 | SC/T 2049.1—2006 | 大黄鱼　亲鱼 |
| 279 | SC/T 2049.2—2006 | 大黄鱼　鱼苗鱼种 |
| 280 | SC/T 2026—2007 | 太平洋牡蛎　亲贝 |
| 281 | SC/T 2013—2003 | 浮动式海水网箱养鱼技术规范 |
| 282 | SC/T 2047—2006 | 水产养殖用海洋微藻保种操作技术规范 |
| 283 | SC/T 2036—2006 | 文蛤养殖技术规范 |
| 284 | SC/T 2033—2006 | 虾夷扇贝　亲贝 |
| 285 | SC/T 2034—2006 | 虾夷扇贝　苗种 |
| 286 | SC/T 2005.1—2000 | 对虾池塘养殖产量验收方法 |
| 287 | SC/T 2005.2—2000 | 扇贝筏式养殖产量验收方法 |
| 288 | SC/T 2005.3—2000 | 海带筏式养殖产量验收方法 |
| 289 | SC/T 2014—2003 | 三疣梭子蟹　亲蟹 |
| 290 | SC/T 2015—2003 | 三疣梭子蟹　苗种 |
| 291 | SC/T 2027—2006 | 太平洋牡蛎　苗种 |
| 292 | SC/T 2017—2006 | 红鳍东方鲀　亲鱼和苗种 |
| 293 | SC/T 2004—2014 | 皱纹盘鲍　亲鲍和苗种 |

（续）

| 序号 | 标准代号 | 标准名称 |
|------|----------|----------|
| 294 | SC/T 2021—2006 | 牙鲆养殖技术规范 |
| 295 | SC/T 2023—2006 | 真鲷养殖技术规范 |
| 296 | SC/T 2038—2006 | 海湾扇贝　亲贝和苗种 |
| 297 | SC/T 2010—2008 | 杂色鲍养殖技术规范 |
| 298 | SC/T 2001—2006 | 卤虫卵 |
| 299 | SC/T 2008—2011 | 半滑舌鳎 |
| 300 | SC/T 2040—2011 | 日本对虾　亲虾 |
| 301 | SC/T 2041—2011 | 日本对虾　苗种 |
| 302 | SC/T 2042—2011 | 文蛤　亲贝和苗种 |
| 303 | SC/T 2003—2012 | 刺参　亲参和苗种 |
| 304 | SC/T 2009—2012 | 半滑舌鳎　亲鱼和苗种 |
| 305 | SC/T 2025—2012 | 眼斑拟石首鱼　亲鱼和苗种 |
| 306 | SC/T 2016—2012 | 拟穴青蟹　亲蟹和苗种 |
| 307 | SC/T 2043—2012 | 斑节对虾　亲虾和苗种 |
| 308 | SC/T 2054—2012 | 鮸状黄姑鱼 |
| 309 | SC/T 2044—2014 | 卵形鲳鲹　亲鱼和苗种 |
| 310 | SC/T 2045—2014 | 许氏平鲉　亲鱼和苗种 |
| 311 | SC/T 2046—2014 | 石鲽　亲鱼和苗种 |
| 312 | SC/T 2057—2014 | 青蛤　亲贝和苗种 |
| 313 | SC/T 2058—2014 | 菲律宾蛤仔　亲贝和苗种 |
| 314 | SC/T 2059—2014 | 海蜇　苗种 |
| 315 | SC/T 2061—2014 | 裙带菜　种藻和苗种 |
| 316 | SC/T 2062—2014 | 魁蚶　亲贝 |
| 317 | SC/T 2063—2014 | 条斑紫菜　种藻和苗种 |
| 318 | SC/T 2064—2014 | 坛紫菜　种藻和苗种 |
| 319 | SC/T 2065—2014 | 缢蛏 |
| 320 | SC/T 2066—2014 | 缢蛏　亲贝和苗种 |
| 321 | SC/T 2067—2014 | 许氏平鲉 |
| 322 | SC/T 2071—2014 | 马氏珠母贝 |
| 323 | SC/T 2068—2015 | 凡纳滨对虾　亲虾和苗种 |
| 324 | SC/T 2072—2015 | 马氏珠母贝　亲贝和苗种 |
| 325 | SC/T 2079—2015 | 毛蚶　亲贝和苗种 |
| 326 | SC/T 2048—2016 | 大菱鲆　亲鱼和苗种 |

（续）

| 序号 | 标准代号 | 标准名称 |
|---|---|---|
| 327 | SC/T 2028—2016 | 紫贻贝 |
| 328 | SC/T 2069—2016 | 泥蚶 |
| 329 | SC/T 2073—2016 | 真鲷 亲鱼和苗种 |
| 330 | SC/T 2070—2017 | 大泷六线鱼 |
| 331 | SC/T 2074—2017 | 刺参繁育与养殖技术规范 |
| 332 | SC/T 2075—2017 | 中国对虾繁育技术规范 |
| 333 | SC/T 2076—2017 | 钝吻黄盖鲽 亲鱼和苗种 |
| 334 | SC/T 2077—2017 | 漠斑牙鲆 |
| 335 | SC/T 2083—2018 | 鼠尾藻 |
| 336 | SC/T 2084—2018 | 金乌贼 |
| 337 | SC/T 2086—2018 | 圆斑星鲽 亲鱼和苗种 |
| 338 | SC/T 2088—2018 | 扇贝工厂化繁育技术规范 |
| 339 | SC/T 2078—2018 | 褐菖鲉 |
| 340 | SC/T 2082—2018 | 坛紫菜 |
| 341 | SC/T 2087—2018 | 泥蚶 亲贝和苗种 |
| 342 | SC/T 2089—2018 | 大黄鱼繁育技术规范 |
| 343 | GB/T 19164—2003 | 鱼粉 |
| 344 | GB/T 21672—2014 | 冻裹面包屑虾 |
| 345 | GB/T 21289—2007 | 冻烤鳗 |
| 346 | GB/T 21290—2018 | 冻罗非鱼片 |
| 347 | GB/T 18109—2011 | 冻鱼 |
| 348 | GB/T 18108—2019 | 鲜海水鱼通则 |
| 349 | GB/T 22180—2014 | 冻裹面包屑鱼 |
| 350 | GB/T 24858—2010 | 盐田卤虫卵加工技术规范 |
| 351 | GB/T 24861—2010 | 水产品流通管理技术规范 |
| 352 | GB/T 26940—2011 | 牡蛎干 |
| 353 | GB/T 27988—2011 | 咸鱼加工技术规范 |
| 354 | GB/T 27624—2011 | 养殖红鳍东方鲀鲜、冻品加工操作规范 |
| 355 | GB/T 27636—2011 | 冻罗非鱼片加工技术规范 |
| 356 | GB/T 27638—2011 | 活鱼运输技术规范 |
| 357 | GB/T 30889—2014 | 冻虾 |
| 358 | GB/T 30891—2014 | 水产品抽样规范 |
| 359 | GB/T 30893—2014 | 雨生红球藻粉 |

（续）

| 序号 | 标准代号 | 标准名称 |
|------|---------|---------|
| 360 | GB/T 30894—2014 | 咸鱼 |
| 361 | GB/T 31814—2015 | 冻扇贝 |
| 362 | GB/T 30947—2014 | 罐装冷藏蟹肉 |
| 363 | GB/T 31520—2015 | 红球藻中虾青素的测定　液相色谱法 |
| 364 | GB/T 33108—2016 | 海参及其制品中海参皂苷的测定　高效液相色谱法 |
| 365 | GB/T 34747—2017 | 干海参等级规格 |
| 366 | GB/T 35375—2017 | 冻银鱼 |
| 367 | GB/T 36187—2018 | 冷冻鱼糜 |
| 368 | GB/T 36192—2018 | 活水产品运输技术规范 |
| 369 | GB/T 36193—2018 | 水产品加工术语 |
| 370 | GB/T 36395—2018 | 冷冻鱼糜加工技术规范 |
| 371 | GB/T 37062—2018 | 水产品感官评价指南 |
| 372 | GB/T 19164—2003 | 鱼粉 |
| 373 | SC 3008—1987 | 冷冻水产品、冷藏水产品、人造冰单位产品耗电量 |
| 374 | SC 3007—1985 | 海藻工业产品单位综合能耗 |
| 375 | SC 3001—1989 | 水产及水产加工品分类与名称 |
| 376 | SC/T 3012—2002 | 水产品加工术语 |
| 377 | SC/T 3016—2004 | 水产品抽样方法 |
| 378 | SC/T 3017—2004 | 冷冻水产品净含量的测定 |
| 379 | SC/T 3010—2001 | 海带中碘含量的测定 |
| 380 | SC/T 3011—2001 | 水产品中盐分的测定 |
| 381 | SC/T 3027—2006 | 冻烤鳗加工技术规范 |
| 382 | SC/T 3014—2002 | 干紫菜加工技术规程 |
| 383 | SC/T 3005—1988 | 水产品冻结操作技术规程 |
| 384 | SC/T 3006—1988 | 冻鱼贮藏操作技术规程 |
| 385 | SC/T 3003—1988 | 渔获物装卸操作技术规程 |
| 386 | SC/T 3004—1988 | 理鱼操作技术规程 |
| 387 | SC/T 3002—1988 | 船上渔获物加冰保鲜操作技术规程 |
| 388 | SC/T 3009—1999 | 水产品加工质量管理规范 |
| 389 | SC/T 3013—2002 | 贝类净化技术规范 |
| 390 | SC/T 3026—2006 | 冻虾仁加工技术规范 |
| 391 | SC/T 3201—1981 | 小饼紫菜质量标准 |
| 392 | SC/T 3305—2003 | 烤虾 |

（续）

| 序号 | 标准代号 | 标准名称 |
|------|----------|----------|
| 393 | SC/T 3115—2006 | 冻章鱼 |
| 394 | SC/T 3601—2003 | 蚝油 |
| 395 | SC/T 3602—2002 | 虾酱 |
| 396 | SC/T 3112—2017 | 冻梭子蟹 |
| 397 | SC/T 3210—2001 | 盐渍海蜇皮和盐渍海蜇头 |
| 398 | SC/T 3905—2011 | 鲟鱼籽酱 |
| 399 | SC/T 3108—2011 | 鲜活青鱼、草鱼、鲢、鳙、鲤 |
| 400 | SC/T 3209—2001 | 淡菜 |
| 401 | SC/T 3211—2002 | 盐渍裙带菜 |
| 402 | SC/T 3902—2001 | 海胆制品 |
| 403 | SC/T 3215—2014 | 盐渍海参 |
| 404 | SC/T 3213—2002 | 干裙带菜叶 |
| 405 | SC/T 3901—2000 | 虾片 |
| 406 | SC/T 3403—2018 | 甲壳质与壳聚糖 |
| 407 | SC/T 3110—1996 | 冻虾仁 |
| 408 | SC/T 3204—2012 | 虾米 |
| 409 | SC/T 3205—2016 | 虾皮 |
| 410 | SC/T 3206—2009 | 干海参（刺参） |
| 411 | SC/T 3207—2018 | 干贝 |
| 412 | SC/T 3105—2009 | 鲜鳓鱼 |
| 413 | SC/T 3106—2010 | 鲜、冻海鳗 |
| 414 | SC/T 3117—2006 | 生食金枪鱼 |
| 415 | SC/T 3103—2010 | 鲜、冻鲳鱼 |
| 416 | SC/T 3107—2010 | 鲜、冻乌贼 |
| 417 | SC/T 3302—2010 | 烤鱼片 |
| 418 | SC/T 3104—2010 | 鲜、冻蓝圆鲹 |
| 419 | SC/T 3505—2006 | 鱼油微胶囊 |
| 420 | SC/T 3214—2006 | 干鲨鱼翅 |
| 421 | SC/T 3202—2012 | 干海带 |
| 422 | SC/T 3502—2016 | 鱼油 |
| 423 | SC/T 3503—2000 | 多烯鱼油制品 |
| 424 | SC/T 3203—2015 | 调味生鱼干 |
| 425 | SC/T 3208—2017 | 鱿鱼干、墨鱼干 |

（续）

| 序号 | 标准代号 | 标准名称 |
|------|----------|----------|
| 426 | SC/T 3111—2006 | 冻扇贝 |
| 427 | SC/T 3401—2006 | 印染用褐藻酸钠 |
| 428 | SC/T 3701—2003 | 冻鱼糜制品 |
| 429 | SC/T 3116—2006 | 冻淡水鱼片 |
| 430 | SC/T 3101—2010 | 鲜大黄鱼、冻大黄鱼、鲜小黄鱼、冻小黄鱼 |
| 431 | SC/T 3102—2010 | 鲜、冻带鱼 |
| 432 | SC/T 3216—2016 | 盐制大黄鱼 |
| 433 | SC/T 9001—1984 | 人造冰 |
| 434 | SC/T 3046—2010 | 冻烤鳗良好生产规范 |
| 435 | SC/T 3047—2010 | 鳗鲡储运技术规程 |
| 436 | SC/T 3119—2010 | 活鳗鲡 |
| 437 | SC/T 3120—2012 | 冻熟对虾 |
| 438 | SC/T 3121—2012 | 冻牡蛎肉 |
| 439 | SC/T 3217—2012 | 干石花菜 |
| 440 | SC/T 3306—2012 | 即食裙带菜 |
| 441 | SC/T 3402—2012 | 褐藻酸钠印染助剂 |
| 442 | SC/T 3404—2012 | 岩藻多糖 |
| 443 | SC/T 3043—2014 | 养殖水产品可追溯标签规程 |
| 444 | SC/T 3044—2014 | 养殖水产品可追溯编码规程 |
| 445 | SC/T 3045—2014 | 养殖水产品可追溯信息采集规程 |
| 446 | SC/T 3048—2014 | 鱼类鲜度指标 K 值的测定 高效液相色谱法 |
| 447 | SC/T 3122—2014 | 冻鱿鱼 |
| 448 | SC/T 3307—2014 | 冻干海参 |
| 449 | SC/T 3308—2014 | 即食海参 |
| 450 | SC/T 3702—2014 | 冷冻鱼糜 |
| 451 | SC/T 3049—2015 | 刺参及其制品中海参多糖的测定 高效液相色谱法 |
| 452 | SC/T 3218—2015 | 干江蓠 |
| 453 | SC/T 3219—2015 | 干鲍鱼 |
| 454 | SC/T 3033—2016 | 养殖暗纹东方鲀鲜、冻品加工操作规范 |
| 455 | SC/T 3220—2016 | 干制对虾 |
| 456 | SC/T 3309—2016 | 调味烤酥鱼 |
| 457 | SC/T 3301—2017 | 速食海带 |
| 458 | SC/T 3212—2017 | 盐渍海带 |

（续）

| 序号 | 标准代号 | 标准名称 |
|---|---|---|
| 459 | SC/T 3114—2017 | 冻鳌虾 |
| 460 | SC/T 3050—2017 | 干海参加工技术规范 |
| 461 | SC/T 3035—2018 | 水产品包装、标识通则 |
| 462 | SC/T 3051—2018 | 盐渍海蜇加工技术规程 |
| 463 | SC/T 3052—2018 | 干制坛紫菜加工技术规程 |
| 464 | SC/T 3221—2018 | 蛤蜊干 |
| 465 | SC/T 3310—2018 | 海参粉 |
| 466 | SC/T 3311—2018 | 即食海蜇 |
| 467 | SC/T 3405—2018 | 海藻中褐藻酸盐、甘露醇含量的测定 |
| 468 | SC/T 3406—2018 | 褐藻渣粉 |
| 469 | GB/T 6963—2006 | 渔具与渔具材料量、单位及符号 |
| 470 | GB/T 5147—2003 | 渔具分类、命名与代号 |
| 471 | GB 11779—2005 | 东海、黄海区拖网网囊最小网目尺寸 |
| 472 | GB 11780—2005 | 南海区拖网网囊最小网目尺寸 |
| 473 | GB/T 8834—2016 | 纤维绳索　有关物理和机械性能的测定 |
| 474 | GB/T 6965—2004 | 渔具材料试验基本条件　预加张力 |
| 475 | GB/T 3939.1—2004 | 主要渔具材料命名与标记　网线 |
| 476 | GB/T 3939.2—2004 | 主要渔具材料命名与标记　网片 |
| 477 | GB/T 3939.3—2004 | 主要渔具材料命名与标记　绳索 |
| 478 | GB/T 3939.4—2004 | 主要渔具材料命名与标记　浮子 |
| 479 | GB/T 3939.5—2004 | 主要渔具材料命名与标记　沉子 |
| 480 | GB/T 6964—2010 | 渔网网目尺寸测量方法 |
| 481 | GB/T 19599.2—2004 | 合成纤维与网片试验方法　网片尺寸 |
| 482 | GB/T 19599.1—2004 | 合成纤维与网片试验方法　网片重量 |
| 483 | GB/T 21292—2007 | 渔网　网目断裂强力的测定 |
| 484 | GB/T 4925—2008 | 合成纤维渔网片断裂强力与断裂伸长率试验方法 |
| 485 | GB/T 18673—2008 | 渔用机织网片 |
| 486 | GB/T 21328—2007 | 纤维绳索　通用要求 |
| 487 | GB/T 21032—2007 | 聚酰胺单丝 |
| 488 | GB/T 30892—2014 | 渔网　有结网片的类型和标示 |
| 489 | GB/T 18674—2018 | 渔用绳索通用技术条件 |
| 490 | SC/T 4001—1995 | 渔具基本名词术语 |
| 491 | SC/T 4020—2007 | 渔网　有结网片的特征和标示 |

（续）

| 序号 | 标准代号 | 标准名称 |
|---|---|---|
| 492 | SC/T 4002—1995 | 渔具制图 |
| 493 | SC/T 4006—1990 | 钓钩尺寸系列 |
| 494 | SC/T 4008—2016 | 刺网最小网目尺寸　银鲳 |
| 495 | SC 4013—1995 | 有翼张网网囊网最小网目尺寸 |
| 496 | SC/T 4022—2007 | 渔网　网线断裂强力和结节断裂强力的测定 |
| 497 | SC/T 4023—2007 | 渔网　网线伸长率的测定 |
| 498 | SC/T 4011—1995 | 拖网模型水池试验方法 |
| 499 | SC/T 4014—1997 | 拖网模型制作方法 |
| 500 | SC/T 4005—2000 | 主要渔具制作　网片缝合与装配 |
| 501 | SC/T 4004—2000 | 主要渔具制作　网片剪裁和计算 |
| 502 | SC/T 4003—2000 | 主要渔具制作　网衣缩结 |
| 503 | SC/T 4012—1995 | 双船底拖网渔具装配方法 |
| 504 | SC/T 5033—2006 | $2.5m^2$ V 型网板 |
| 505 | SC/T 4007—1987 | $2.3m^2$ 双叶片椭圆形网板 |
| 506 | SC/T 4015—2002 | 柔鱼钓钩 |
| 507 | SC/T4019—2006 | 聚乙烯-聚乙烯醇网线　混捻型 |
| 508 | SC/T 4021—2007 | 渔用高强度三股聚乙烯单丝绳索 |
| 509 | SC/T 4016—2003 | $2.5m^2$ 椭圆形曲面开缝网板 |
| 510 | SC/T 5001—2014 | 渔具材料基本术语 |
| 511 | SC/T 5015—1989 | 渔用锦纶 6 单丝试验方法 |
| 512 | SC/T 5019—1988 | 合成纤维渔网　结牢度试验方法 |
| 513 | SC/T 5002—2009 | 塑料浮子试验方法　硬质球形 |
| 514 | SC/T 5003—2002 | 塑料浮子试验方法　硬质泡沫 |
| 515 | SC/T 5014—2002 | 渔具材料试验基本条件　标准大气 |
| 516 | SC/T 5023—2002 | 渔具材料抽样方法及合格批判定规则合成纤维丝、线 |
| 517 | SC/T 5024—2002 | 渔具材料抽样方法及合格批判定规则合成纤维绳 |
| 518 | SC/T 5027—2006 | 淡水网箱技术条件 |
| 519 | SC/T 5005—2014 | 渔用聚乙烯单丝 |
| 520 | SC/T 5007—2011 | 聚乙烯网线 |
| 521 | SC/T 5009—1995 | 泡沫塑料浮子　聚氯乙烯球形 |
| 522 | SC/T 5006—2014 | 聚酰胺网线 |
| 523 | SC 5010—1997 | 塑料鱼箱 |
| 524 | SC/T 5017—2016 | 聚丙系裂膜夹钢丝绳 |

| 序号 | 标准代号 | 标准名称 |
|------|----------|----------|
| 525 | SC/T 5011—2014 | 聚酰胺绳 |
| 526 | SC/T 5021—2017 | 聚乙烯网片经编型 |
| 527 | SC/T 5026—2006 | 聚酰胺单丝机织网片　单线双死结型 |
| 528 | SC/T 5028—2006 | 聚酰胺复丝机织网片　单线单死结型 |
| 529 | SC/T 5025—2006 | 刺网用硬质塑料浮子 |
| 530 | SC/T 5031—2014 | 聚乙烯网片　绞捻型 |
| 531 | SC/T 5029—2006 | 高强度聚乙烯渔网线 |
| 532 | SC 9007—1987 | 塑料保温鱼箱的技术、卫生要求 |
| 533 | SC/T 9005—1986 | 渔业用热镀锌制绳钢丝 |
| 534 | SC/T 9006—1986 | 渔业用热镀锌圆胶合网丝绳 |
| 535 | SC/T 4024—2011 | 浮绳式网箱 |
| 536 | SC/T 4802—1986 | 有囊围网网具图的绘制 |
| 537 | SC/T 4025—2016 | 养殖网箱浮架　高密度聚乙烯管 |
| 538 | SC/T 4026—2016 | 刺网最小网目尺寸　小黄鱼 |
| 539 | SC/T 4027—2016 | 渔用聚乙烯编织线 |
| 540 | SC/T 4028—2016 | 渔网　网线直径和线密度的测定 |
| 541 | SC/T 4029—2016 | 东海区虾拖网网囊最小网目尺寸 |
| 542 | SC/T 4030—2016 | 高密度聚乙烯框架铜合金网衣网箱通用技术条件 |
| 543 | SC/T 5022—2017 | 超高分子量聚乙烯网片经编型 |
| 544 | SC/T 4066—2017 | 渔用聚酰胺经编网片通用技术要求 |
| 545 | SC/T 4067—2017 | 浮式金属框架网箱通用技术要求 |
| 546 | SC/T 4039—2018 | 合成纤维渔网线试验方法 |
| 547 | SC/T 4043—2018 | 渔用聚酯经编网通用技术要求 |
| 548 | SC/T 4041—2018 | 高密度聚乙烯框架深水网箱通用技术要求 |
| 549 | SC/T 4042—2018 | 渔用聚丙烯纤维通用技术要求 |
| 550 | SC/T 4044—2018 | 海水普通网箱通用技术要求 |
| 551 | SC/T 4045—2018 | 水产养殖网箱浮筒通用技术要求 |
| 552 | GB/T 3594—2007 | 渔船电子设备电源的技术要求 |
| 553 | GB/T 8586—2007 | 探鱼仪工作频率分配及防止声波干扰技术条件 |
| 554 | GB/T 21291—2007 | 鱼糜加工机械安全卫生技术条件 |
| 555 | GB/T 35941—2018 | 水产养殖增氧机检测规程 |
| 556 | NY 644—2002 | 饲料粉碎机安全技术要求 |
| 557 | SC/T 0002.21—2001 | 渔业信息分类与代码　第2单元渔业船舶管理代码　第1部分：渔业船舶种类代码 |

（续）

| 序号 | 标准代号 | 标准名称 |
|---|---|---|
| 558 | SC/T 0002.22—2001 | 渔业信息分类与代码　第2单元渔业船舶管理代码　第2部分：渔业船舶船名代码编制规则 |
| 559 | SC/T 0002.23—2001 | 渔业信息分类与代码　第2单元渔业船舶管理代码　第3部分：渔业船舶船体材料代码 |
| 560 | SC/T 0002.24—2001 | 渔业信息分类与代码　第2单元渔业船舶管理代码　第4部分：渔业船舶航区代码 |
| 561 | SC/T 0002.25—2001 | 渔业信息分类与代码　第2单元渔业船舶管理代码　第5部分：渔业船舶所有人名称和地址代码编制规则 |
| 562 | SC/T 0002.26—2001 | 渔业信息分类与代码　第2单元渔业船舶管理代码　第6部分：海洋捕捞渔船作业类型代码 |
| 563 | SC/T 6001.1—2011 | 渔业机械基本术语　捕捞机械 |
| 564 | SC/T 6001.2—2011 | 渔业机械基本术语　养殖机械 |
| 565 | SC/T 6001.3—2011 | 渔业机械基本术语　水产品加工机械 |
| 566 | SC/T 6001.4—2011 | 渔业机械基本术语　绳网机械 |
| 567 | SC/T 6002—1986 | 渔船捕捞机械设备图形符号 |
| 568 | SC/T 7002.8—2018 | 渔船用电子设备环境试验条件和方法　正弦振动 |
| 569 | SC/T 7002.2—2016 | 船用电子设备环境试验条件和方法　高温 |
| 570 | SC/T 7002.3—2016 | 船用电子设备环境试验条件和方法　低温 |
| 571 | SC/T 7002.6—2015 | 船用电子设备环境试验条件和方法　盐雾 |
| 572 | SC/T 7002.1—1992 | 船用电子设备环境试验条件和方法　总则 |
| 573 | SC/T 7002.7—1992 | 船用电子设备环境试验条件和方法　交变盐雾 |
| 574 | SC/T 7002.14—1992 | 船用电子设备环境试验条件和方法　电磁兼容性 |
| 575 | SC/T 7002.12—1992 | 船用电子设备环境试验条件和方法　长霉 |
| 576 | SC/T 6019—2001 | 环模颗粒饲料压制机　试验方法 |
| 577 | SC/T 7002.4—2016 | 船用电子设备环境试验条件和方法　交变湿热 |
| 578 | SC/T 7002.5—2016 | 船用电子设备环境试验条件和方法　恒定湿热 |
| 579 | SC/T 7002.10—2018 | 渔船用电子设备环境试验条件和方法　外壳防护 |
| 580 | SC/T 6009—1999 | 增氧机增氧能力试验方法 |
| 581 | SC/T 7002.13—1992 | 船用电子设备环境试验条件和方法　风压 |
| 582 | SC/T 7002.9—1992 | 船用电子设备环境试验条件和方法　碰撞 |
| 583 | SC/T 6012—2002 | 平模颗粒饲料压制机试验方法 |
| 584 | SC/T 6030—2006 | 渔业船舶用设备技术要求和试验方法 |
| 585 | SC/T 7002.11—1992 | 船用电子设备环境试验条件和方法　倾斜摇摆 |
| 586 | SC/T 6027—2007 | 食品加工机械（鱼类）剥皮、去皮、去膜机械的安全和卫生要求 |

(续)

| 序号 | 标准代号 | 标准名称 |
|---|---|---|
| 587 | SC/T 7005—1989 | 渔船雷达性能要求 |
| 588 | SC/T 6007—2001 | 理鱼用带式输送机　型式　基本参数及技术要求 |
| 589 | SC/T 6006.1—2001 | 渔业码头用皮带输送机　型式、基本参数与技术要求 |
| 590 | SC/T 6006.2—2001 | 渔业码头用皮带输送机　传动滚筒基本参数　尺寸与技术要求 |
| 591 | SC/T 6006.3—2001 | 渔业码头用皮带输送机　改向滚筒基本参数　尺寸与技术要求 |
| 592 | SC/T 6006.4—2001 | 渔业码头用皮带输送机　平型托辊基本参数　尺寸与技术要求 |
| 593 | SC/T 6006.5—2001 | 渔业码头用皮带输送机　滑块式螺旋拉紧装置基本参数、尺寸与技术要求 |
| 594 | SC/T 6006.6—2001 | 渔业码头用皮带输送机　挡鱼板基本参数与尺寸 |
| 595 | SC/T 6006.7—2001 | 渔业码头用皮带输送机　辅助装置锥形托辊基本参数、尺寸与技术要求 |
| 596 | SC/T 6006.8—2001 | 渔业码头用皮带输送机　辅助装置连接板基本参数、尺寸 |
| 597 | SC/T 6011—2001 | 平模式颗粒饲料压制机　技术条件 |
| 598 | SC/T 6040—2007 | 水产品工厂化养殖装备安全卫生要求 |
| 599 | SC/T 6005—2002 | 渔船围网起网机类型和基本参数 |
| 600 | SC/T 6010—2018 | 叶轮式增氧机技术条件 |
| 601 | SC/T 7008—1996 | 渔用全球卫星导航仪（GPS）通用技术条件 |
| 602 | SC/T 7003—1999 | 垂直回声探鱼仪通用技术条件 |
| 603 | SC/T 6032—2007 | 水族箱安全技术条件 |
| 604 | SC/T 6041—2007 | 水产品保鲜储运设备安全技术条件 |
| 605 | SC/T 6014—2001 | 立式泥浆泵 |
| 606 | SC/T 6008—2007 | 双钩型织网机 |
| 607 | SC/T 6016—1984 | 渔轮绞纲机磨擦鼓轮 |
| 608 | SC/T 7007—1983 | 渔船天线转换开关 |
| 609 | SC/T 6013—2002 | 单螺杆挤压式饲料膨化机 |
| 610 | SC/T 6020—2002 | 环模颗粒饲料压制机 |
| 611 | SC/T 6003—1999 | 渔船绞纲机 |
| 612 | SC/T 6004—2002 | 海洋机帆渔船绞纲机 |
| 613 | SC/T 6023—2011 | 投饲机 |
| 614 | SC/T 6024—2003 | 小包装食品用压力蒸汽灭菌装置 |
| 615 | SC/T 7004—2001 | 探鱼仪换能器 |
| 616 | SC/T 6015—2002 | 鱼肉采取机 |
| 617 | SC/T 7006—2001 | 溶解氧测定仪 |
| 618 | SC/T 6017—1999 | 水车式增氧机 |
| 619 | SC/T 6021—2002 | 水力挖塘机组 |

| 序号 | 标准代号 | 标准名称 |
|---|---|---|
| 620 | SC/T 6025—2006 | 水下清淤机 |
| 621 | SC/T 9011.1—2006 | 冻结装置试验方法　第1部分：总则 |
| 622 | SC/T 9011.2—2006 | 冻结装置试验方法　第2部分：平板冻结装置试验方法 |
| 623 | SC/T 9011.3—2006 | 冻结装置试验方法　第3部分：隧道冻结装置试验方法 |
| 624 | SC/T 9011.4—2006 | 冻结装置试验方法　第4部分：流态冻结装置试验方法 |
| 625 | SC/T 9020—2006 | 水产品低温冷藏设备和低温运输设备技术条件 |
| 626 | SC/T 9004.1—1985 | 冻鱼车　车体 |
| 627 | SC/T 9004.2—1985 | 冻鱼车　悬挂式双轨滚轮 |
| 628 | SC/T 9009—1997 | 空气冷却器 |
| 629 | SC/T 9003—1984 | 水产品冻结盘 |
| 630 | SC/T 9002—1984 | 制冰桶 |
| 631 | SC/T 6048—2011 | 淡水养殖池塘设施要求 |
| 632 | SC/T 6049—2011 | 水产养殖网箱名词术语 |
| 633 | SC/T 6050—2011 | 水产养殖电器设备安全要求 |
| 634 | SC/T 6051—2011 | 溶氧装置性能试验方法 |
| 635 | SC/T 6070—2011 | 渔业船舶船载北斗卫星导航系统终端技术要求 |
| 636 | SC/T 6018—1999 | 双钩型织网机　试验方法 |
| 637 | SC/T 6053—2012 | 渔业船用调频无线电话机（27.5MHz-39.5MHz）试验方法 |
| 638 | SC/T 6054—2012 | 渔业仪器名词术语 |
| 639 | SC/T 6072—2012 | 渔船动态监管信息系统建设技术要求 |
| 640 | SC/T 6079—2014 | 渔业行政执法船舶通信设备配备要求 |
| 641 | SC/T 6055—2015 | 养殖水处理设备微滤机 |
| 642 | SC/T 6056—2015 | 水产养殖设施名词术语 |
| 643 | SC/T 6056—2015 | 渔船燃油添加剂试验评定方法 |
| 644 | SC/T6074—2015 | 渔船用射频识别（RFID）设备技术要求 |
| 645 | SC/T 6091—2016 | 海洋渔船管理数据软件接口技术规范 |
| 646 | SC/T 6092—2016 | 涌浪式增氧机 |
| 647 | SC/T 6076—2018 | 渔船应急无线电示位标技术要求 |
| 648 | GB/T 35940—2018 | 海水育珠品种及其珍珠分类 |
| 649 | GB/T 37063—2018 | 淡水育珠品种及其珍珠分类 |
| 650 | GB/T 30946—2014 | 观赏鱼分级规则　血鹦鹉鱼 |
| 651 | SC/T 5051—2012 | 观赏渔业通用名词术语 |
| 652 | SC/T 5052—2012 | 热带观赏鱼命名规则 |

（续）

| 序号 | 标准代号 | 标准名称 |
|------|----------|----------|
| 653 | SC/T 5l01—2012 | 观赏鱼养殖场条件　锦鲤 |
| 654 | SC/T 5102—2012 | 观赏鱼养殖场条件　金鱼 |
| 655 | SC/T 5701—2014 | 金鱼分级　狮头 |
| 656 | SC/T 5702—2014 | 金鱼分级　琉金 |
| 657 | SC/T 5703—2014 | 锦鲤分级　红白类 |
| 658 | SC/T 5061—2015 | 人工钓饵 |
| 659 | SC/T 5704—2016 | 金鱼分级　蝶尾 |
| 660 | SC/T 5705—2016 | 金鱼分级　龙睛 |
| 661 | SC/T 5106—2017 | 观赏鱼养殖场条件　小型热带鱼 |
| 662 | SC/T 5107—2017 | 观赏鱼养殖场条件　大型热带淡水鱼 |
| 663 | SC/T 5706—2017 | 金鱼分级　珍珠鳞类 |
| 664 | SC/T 5707—2017 | 锦鲤分级　白底三色类 |
| 665 | SC/T 5708—2017 | 锦鲤分级　墨底三色类 |
| 666 | SC/T 5062—2017 | 金龙鱼 |
| 667 | SC/T 5706—2018 | 金鱼分级　草金鱼 |
| 668 | SC/T 5707—2018 | 金鱼分级　和金 |
| 669 | GB/T 21673—2008 | 海水虾类育苗水质要求 |
| 670 | GB/T 21678—2018 | 渔业污染事故经济损失计算方法 |
| 671 | SC/T 9101—2007 | 淡水池塘养殖水排放要求 |
| 672 | SC/T 9102.1—2007 | 渔业生态环境监测规范　第1部分：总则 |
| 673 | SC/T 9102.2—2007 | 渔业生态环境监测规范　第2部分：海洋 |
| 674 | SC/T 9102.3—2007 | 渔业生态环境监测规范　第3部分：淡水 |
| 675 | SC/T 9102.4—2007 | 渔业生态环境监测规范　第4部分：资料处理与报告编制 |
| 676 | SC/T 9103—2007 | 海水养殖水排放要求 |
| 677 | SC/T 9104—2011 | 渔业水域中甲胺磷、克百威的测定　气相色谱法 |
| 678 | SC/T 9406—2012 | 盐碱地水产养殖用水水质 |
| 679 | SC/T 9408—2012 | 水生生物自然保护区评价技术规范 |
| 680 | SC/T 9412—2014 | 水产养殖环境中扑草净的测定　气相色谱法 |
| 681 | SC/T 9420—2015 | 水产养殖环境（水体、底泥）中多溴联苯醚的测定气　相色谱-质谱法 |
| 682 | GB/T 8588—2001 | 渔业资源基本术语 |
| 683 | SC/T 9110—2007 | 建设项目对海洋生物资源影响评价技术规程 |
| 684 | SC/T 9401—2010 | 水生生物增殖放流技术规程 |
| 685 | SC/T 9402—2010 | 淡水浮游生物调查技术规范 |

| 序号 | 标准代号 | 标准名称 |
|---|---|---|
| 686 | SC/T 9403—2012 | 海洋渔业资源调查规范 |
| 687 | SC/T 9404—2012 | 水下爆破作业对水生生物资源及生态环境损害评估方法 |
| 688 | SC/T 9405—2012 | 岛礁水域生物资源调查评估技术规范 |
| 689 | SC/T 9407—2012 | 河流漂流性鱼卵、仔鱼采样技术规范 |
| 690 | SC/T 9413—2014 | 水生生物增殖放流技术规范　大黄鱼 |
| 691 | SC/T 9414—2014 | 水生生物增殖放流技术规范　大鲵 |
| 692 | SC/T 9415—2014 | 水生生物增殖放流技术规范　三疣梭子蟹 |
| 693 | SC/T 9416—2014 | 人工鱼礁建设技术规范 |
| 694 | SC/T 9417—2015 | 人工鱼礁资源养护效果评价技术规范 |
| 695 | SC/T 9418—2015 | 水生生物增殖放流技术规范　鲷科鱼类 |
| 696 | SC/T 9419—2015 | 水生生物增殖放流技术规范　中国对虾 |
| 697 | SC/T 9421—2015 | 水生生物增殖放流技术规范　日本对虾 |
| 698 | SC/T 9422—2015 | 水生生物增殖放流技术规范　鲆鲽类 |
| 699 | SC/T 9424—2016 | 水生生物增殖流放技术规范　许氏平鲉 |
| 700 | SC/T 9425—2016 | 海水滩涂贝类增养殖环境特征污染物筛选技术规范 |
| 701 | SC/T 9426.1—2016 | 重要渔业资源品种可捕规格　第1部分：海洋经济鱼类 |
| 702 | SC/T 9427—2016 | 河流漂流性鱼卵仔鱼资源评估方法 |
| 703 | SC/T 9428—2016 | 水产种质资源保护区划定与评审规范 |
| 704 | SC/T 9111—2017 | 海洋牧场分类 |
| 705 | SC/T 6073—2012 | 水生哺乳动物饲养设施要求 |
| 706 | SC/T 6074—2012 | 水族馆术语 |
| 707 | SC/T 9409—2012 | 水生哺乳动物谱系记录规范 |
| 708 | SC/T 9410—2012 | 水族馆水生哺乳动物驯养技术等级划分要求 |
| 709 | SC/T 9411—2012 | 水族馆水生哺乳动物饲养水质 |
| 710 | SC/T 9601—2018 | 水生生物湿地类型划分 |
| 711 | SC/T 9602—2018 | 灌江纳苗技术规程 |
| 712 | SC/T 9603—2018 | 白鲸饲养规范 |
| 713 | SC/T 9604—2018 | 海龟饲养规范 |
| 714 | SC/T 9605—2018 | 海狮饲养规范 |
| 715 | SC/T 9606—2018 | 斑海豹饲养规范 |
| 716 | SC/T 9607—2018 | 水生哺乳动物医疗记录规范 |
| 717 | SC/T 9608—2018 | 鲸类运输操作规程 |
| 718 | GB/T 15805.1—2008 | 鱼类检疫方法　第1部分：传染性胰脏坏死病毒（IPNV） |

（续）

| 序号 | 标准代号 | 标准名称 |
|---|---|---|
| 719 | GB/T 15805.2—2017 | 传染性造血器官坏死病诊断规程 |
| 720 | GB/T 15805.3—2018 | 病毒性出血性败血症诊断规程 |
| 721 | GB/T 15805.4—2018 | 斑点叉尾鮰病毒病诊断规程 |
| 722 | GB/T 15805.5—2018 | 鲤春病毒血症诊断规程 |
| 723 | GB/T 15805.6—2008 | 鱼类检疫方法　第6部分：杀鲑气单胞菌 |
| 724 | GB/T 15805.7—2008 | 鱼类检疫方法　第7部分：脑粘体虫 |
| 725 | GB/T 25878—2010 | 对虾传染性皮下及造血组织坏死病毒（IHHNV）检测　PCR法 |
| 726 | GB/T 28630.1—2012 | 白斑综合征（WSD）诊断规程　第1部分：核酸探针斑点杂交检测法 |
| 727 | GB/T 28630.2—2012 | 白斑综合征（WSD）诊断规程　第2部分：套式PCR检测法 |
| 728 | GB/T 28630.3—2012 | 白斑综合征（WSD）诊断规程　第3部分：原位杂交检测法 |
| 729 | GB/T 28630.4—2012 | 白斑综合征（WSD）诊断规程　第4部分：组织病理学诊断法 |
| 730 | GB/T 28630.5—2012 | 白斑综合征（WSD）诊断规程　第5部分：新鲜组织的T－E染色法 |
| 731 | GB/T 34733—2017 | 海水鱼类刺激隐核虫病诊断规程 |
| 732 | GB/T 34734—2017 | 淡水鱼类小瓜虫病诊断规程 |
| 733 | GB/T 36190—2018 | 草鱼出血病诊断规程 |
| 734 | GB/T 36191—2018 | 真鲷虹彩病毒病诊断规程 |
| 735 | GB/T 36194—2018 | 金鱼造血器官坏死病毒检测方法 |
| 736 | GB/T 37115—2018 | 鲍疱疹病毒病诊断规程 |
| 737 | GB/T 37746—2019 | 草鱼呼肠弧孤病毒三重RT－PCR检测方法 |
| 738 | SC/T 7012—2008 | 水产养殖动物病害经济损失计算方法 |
| 739 | SC 1002—1992 | 草鱼出血病组织浆灭活疫苗检测方法 |
| 740 | SC/T 7011.1—2007 | 水生动物疾病术语与命名规则　第1部分：水生动物疾病术语 |
| 741 | SC/T 7011.2—2007 | 水生动物疾病术语与命名规则　第2部分：水生动物疾病命名规则 |
| 742 | SC/T 7103—2008 | 水生动物产地检疫采样技术规范 |
| 743 | SC/T 7203.3—2007 | 对虾肝胰腺小病毒诊断规程　第3部分：新鲜组织的T－E染色法 |
| 744 | SC/T 7206.1—2007 | 牡蛎单孢子虫病诊断规程　第1部分：组织印片的细胞学诊断法 |
| 745 | SC/T 7206.2—2007 | 牡蛎单孢子虫病诊断规程　第2部分：组织病理学诊断法 |
| 746 | SC/T 7206.3—2007 | 牡蛎单孢子虫病诊断规程　第3部分：原位杂交诊断法 |
| 747 | SC/T 7207.1—2007 | 牡蛎马尔太虫病诊断法　第1部分：组织印片的细胞学诊断法 |
| 748 | SC/T 7207.2—2007 | 牡蛎马尔太虫病诊断法　第2部分：组织病理学诊断法 |
| 749 | SC/T 7014—2006 | 水生动物检疫实验技术规范 |
| 750 | SC/T 7201.1—2006 | 鱼类细菌病检疫技术规程　第1部分：通用技术 |
| 751 | SC/T 7201.2—2006 | 鱼类细菌病检疫技术规程　第2部分：柱状嗜纤维菌烂鳃病诊断方法 |

（续）

| 序号 | 标准代号 | 标准名称 |
|------|----------|----------|
| 752 | SC/T 7201.3—2006 | 鱼类细菌病检疫技术规程　第3部分：嗜水气单胞菌及豚鼠气单胞菌肠炎病诊断方法 |
| 753 | SC/T 7201.4—2006 | 鱼类细菌病检疫技术规程　第4部分：荧光假单胞菌赤皮病诊断方法 |
| 754 | SC/T 7201.5—2006 | 鱼类细菌病检疫技术规程　第5部分：白皮假单胞菌白皮病诊断方法 |
| 755 | SC/T 7202.1—2007 | 斑节对虾杆状病毒病诊断规程　第1部分：压片显微镜检测方查法 |
| 756 | SC/T 7202.2—2007 | 斑节对虾杆状病毒病诊断规程　第2部分：PCR检测方法 |
| 757 | SC/T 7202.3—2007 | 斑节对虾杆状病毒病诊断规程　第3部分：组织病理学诊断法 |
| 758 | SC/T 7203.1—2007 | 对虾肝胰腺细小病毒诊断规程　第1部分：PCR检测方法 |
| 759 | SC/T 7203.2—2007 | 对虾肝胰腺细小病毒诊断规程　第2部分：组织病理学诊断法 |
| 760 | SC/T 7204.1—2007 | 对虾桃拉综合征诊断规程　第1部分：外观症状诊断方法 |
| 761 | SC/T 7204.2—2007 | 对虾桃拉综合征诊断规程　第2部分：组织病理学诊断法 |
| 762 | SC/T 7204.3—2007 | 对虾桃拉综合征诊断规程　第3部分：RT-PCR检测方法 |
| 763 | SC/T 7204.4—2007 | 对虾桃拉综合征诊断规程　第4部分：指示生物检测法 |
| 764 | SC/T 7205.1—2007 | 牡蛎包纳米虫病诊断规程　第1部分：组织印片的细胞学诊断法 |
| 765 | SC/T 7205.2—2007 | 牡蛎包纳米虫病诊断规程　第2部分：组织病理学诊断法 |
| 766 | SC/T 7205.3—2007 | 牡蛎包纳米虫病诊断规程　第3部分：透射电镜诊断法 |
| 767 | SC/T 7207.3—2007 | 牡蛎马尔太虫病诊断规程　第3部分：透射电镜诊断法 |
| 768 | SC/T 7208.1—2007 | 牡蛎拍琴虫病诊断规程　第1部分：巯基乙酸盐培养诊断法 |
| 769 | SC/T 7208.2—2007 | 牡蛎拍琴虫病诊断规程　第2部分：组织病理学诊断法 |
| 770 | SC/T 7209.1—2007 | 牡蛎小胞虫病诊断规程　第1部分：组织印片的细胞学诊断法 |
| 771 | SC/T 7209.2—2007 | 牡蛎小胞虫病诊断规程　第2部分：组织病理学诊断法 |
| 772 | SC/T 7209.3—2007 | 牡蛎小胞虫病诊断规程　第3部分：透射电镜诊断法 |
| 773 | SC 1003—1992 | 草鱼出血病组织浆灭活疫苗注射规程 |
| 774 | SC 7701—2007 | 草鱼出血病细胞培养灭活疫苗 |
| 775 | SC 1001—1992 | 草鱼出血病组织浆灭活疫苗 |
| 776 | SC/T 7015—2011 | 染疫水生动物无害化处理规程 |
| 777 | SC/T 7210—2011 | 鱼类简单异尖线虫幼虫检测方法 |
| 778 | SC/T 7211—2011 | 传染性脾肾坏死病毒检测方法 |
| 779 | SC/T 7212.1—2011 | 鲤疱疹病毒检测方法　第1部分：锦鲤疱疹病毒 |
| 780 | SC/T 7213—2011 | 鲴嗜麦芽寡养单胞菌检测方法 |
| 781 | SC/T 7214.1—2011 | 鱼类爱德华氏菌检测方法　第1部分：迟缓爱德华氏菌 |
| 782 | SC/T 7016.1—2012 | 鱼类细胞系　第1部分：胖头鲹肌肉细胞系（FHM） |
| 783 | SC/T 7016.2—2012 | 鱼类细胞系　第2部分：草鱼肾细胞系（CIK） |

（续）

| 序号 | 标准代号 | 标准名称 |
|------|----------|----------|
| 784 | SC/T 7016.3 —2012 | 鱼类细胞系　第3部分：草鱼卵巢细胞系（CO） |
| 785 | SC/T 7016.4—2012 | 鱼类细胞系　第4部分：虹鳟性腺细胞系（RTG-2） |
| 786 | SC/T 7016.5—2012 | 鱼类细胞系　第5部分：鲤上皮瘤细胞系（EPC） |
| 787 | SC/T 7016.6—2012 | 鱼类细胞系　第6部分：大鳞大麻哈哈鱼胚胎细胞系（CHSE） |
| 788 | SC/T 7016.7—2012 | 鱼类细胞系　第7部分：棕鮰细胞系（BB） |
| 789 | SC/T 7016.8—2012 | 鱼类细胞系　第8部分：斑点叉尾鮰卵巢细胞系（CCO） |
| 790 | SC/T 7016.9—2012 | 鱼类细胞系　第9部分：蓝腮太阳鱼细胞系（BF-2） |
| 791 | SC/T 7016.10—2012 | 鱼类细胞系　第10部分：狗鱼性腺细胞系（PG） |
| 792 | SC/T 7016.11—2012 | 鱼类细胞系　第11部分：虹鳟肝细胞系（R1） |
| 793 | SC/T 7016.12—2012 | 鱼类细胞系　第12部分：鲤白血球细胞系（CLC） |
| 794 | SC/T 7017 —2012 | 水生动物疫病风险评估通则 |
| 795 | SC/T 7018.1—2012 | 水生动物疫病流行病学调查规范　第1部分：鲤春病毒血症（SVC） |
| 796 | SC/T 7216 —2012 | 鱼类病毒性神经坏死病（VNN）诊断技术规程 |
| 797 | SC/T 7217—2014 | 刺激隐核虫病诊断规程 |
| 798 | SC/T 7019—2015 | 水生动物病原微生物实验室保存规范 |
| 799 | SC/T 7218.1—2015 | 指环虫病诊断规程　第1部分：小鞘指环虫病 |
| 800 | SC/T 7218.2—2015 | 指环虫病诊断规程　第2部分：页形指环虫病 |
| 801 | SC/T 7218.3—2015 | 指环虫病诊断规程　第3部分：鳙指环虫病 |
| 802 | SC/T 7218.4—2015 | 指环虫病诊断规程　第4部分：坏鳃指环虫病 |
| 803 | SC/T 7219.1—2015 | 三代虫病诊断规程　第1部分：大西洋鲑三代虫病 |
| 804 | SC/T 7219.2—2015 | 三代虫病诊断规程　第2部分：鲩三代虫病 |
| 805 | SC/T 7219.3—2015 | 三代虫病诊断规程　第3部分：鲢三代虫病 |
| 806 | SC/T 7219.4—2015 | 三代虫病诊断规程　第4部分：中型三代虫病 |
| 807 | SC/T 7219.5—2015 | 三代虫病诊断规程　第5部分：细锚三代虫病 |
| 808 | SC/T 7219.6—2015 | 三代虫病诊断规程　第6部分：小林三代虫病 |
| 809 | SC/T 7220—2015 | 中华绒螯蟹螺原体 PCR 检测方法 |
| 810 | SC/T 7020—2016 | 水产养殖动植物疾病测报规范 |
| 811 | SC/T 7221—2016 | 蛙病毒病检测方法 |
| 812 | SC/T 7227—2017 | 传染性造血器官坏死病毒逆转录环介导等温扩增（RT-LAMP）检测方法 |
| 813 | SC/T 7224—2017 | 鲤春病毒血症病毒逆转录环介导等温扩增（RT-LAMP）检测方法 |
| 814 | SC/T 7225—2017 | 草鱼呼肠孤病毒逆转录环介导等温扩增（RT-LAMP）检测方法 |
| 815 | SC/T 7226—2017 | 鲑甲病毒感染诊断规程 |
| 816 | SC/T 7223.1—2017 | 黏孢子虫病诊断规程　第1部分：洪湖碘泡虫 |

（续）

| 序号 | 标准代号 | 标准名称 |
|------|----------|----------|
| 817 | SC/T 7223.2—2107 | 黏孢子虫病诊断规程　第 2 部分：吴李碘泡虫 |
| 818 | SC/T 7223.3—2017 | 黏孢子虫病诊断规程　第 3 部分：武汉单极虫 |
| 819 | SC/T 7223.4—2017 | 黏孢子虫病诊断规程　第 4 部分：吉陶单极虫 |
| 820 | SC/T 0001—1988 | 中国水产科技档案分类大纲 |
| 821 | SC/T 0003—2006 | 水产企业 HACCP 管理体系认证指南 |
| 822 | SC/T 9010—2000 | 渔港总体设计规范 |
| 823 | SC/T 0006—2016 | 渔业统计调查规范 |

# 主 要 参 考 文 献

白殿一，2002. GB/T1.1—2000《标准化工作导册第 1 部分：标准的结构和编写规则》实施指南［M］. 北京：中国标准出版社.

柴秀芳，1998. 浅述渔具及渔具材料标准化［J］. 现代渔业信息（12）：114-21.

柴秀芒，石建高，汤振明，2004. 渔具材料专业标准体系现状与发展对策［J］. 海洋渔业（3）：234-238.

崔建章，1997. 渔具与渔法学［M］. 北京：中国农业出版社.

冯顺楼，1989. 中国海洋渔具图集［M］. 杭州：浙江科学技术出版社.

高才全，2009. 盐碱地池塘水质主要特征及其调节［J］. 河北渔业（3）：12-14.

国家标准化管理委员会，2003. 国际标准化工作手册［M］. 北京：中国标准出版社.

国家质量监督检验检疫总局，2003. 欧盟食品卫生法规汇编［M］. 青岛：中国海洋大学出版社.

何志辉，1984. 发展三北地区盐碱性水体渔业某些生态因子的分析［J］. 水产科学（1）：1-5.

黄朝禧，2009. 渔业工程学［M］. 北京：高等教育出版社.

黄锡昌，1990. 海洋捕捞手册［M］. 北京：农业出版社.

黄锡昌，2003. 远洋金枪鱼渔业［M］，上海：上海科学技术文献出版社.

黄锡昌，2003. 中国远洋捕捞手册［M］. 上海：上海科学技术文献出版社.

金田祯之，1979. 日本渔具渔法图说［M］. 东京：成山堂书店.

李春田，2011. 现代标准化方法：综合标准化［M］. 北京：中国质检出版社、中国标准出版社.

李杰人，杨宁生，徐忠法，2008. 水产种质资源共享平台技术规范（上下册）［M］. 北京：中国农业科技出版.

李少华，黄伟，闫金龙，等，2001. 充分利用咸水微咸水资源发展高效生态模式养殖［J］. 河北工程技术高等专科学校学报（1）：7-10+26.

李思发，1996. 中国淡水鱼类种质资源和保护［M］. 北京：中国农业出版社.

李秀军，杨富亿，刘兴土，2007. 松嫩平原西部盐碱湿地"稻-苇-鱼"模式研究［J］. 中国生态农业学报（5）：174-177.

梁利群，任波，常玉梅，等，2013. 中国内陆咸（盐碱）水资源及渔业综合开发利用［J］. 中国渔业经济，31（4）：138-145.

刘清龙，1997. 开发盐碱窑坑用于水产养殖业［J］. 天津水产（0）：23-25.

刘英杰，刘永新，方辉，等，2015. 我国水产种质资源的研究现状与展望［J］. 水产学杂志（5）：48-52.

刘永新，方辉，来琦芳，等，2016. 我国盐碱水渔业现状与发展对策［J］. 中国工程科学，18（3）：74-78.

马卓君，刘英杰，2009. 我国水产种质资源平台建设的需求与现状［J］. 中国水产（11）：25-27.

农业部科技教育司，2014. 国家水产种质资源平台深度推进种质资源共享［J］. 中国乡镇企业（4）：41.

农业部渔业渔政管理局，2017. 2017 中国渔业统计年鉴［M］. 北京：中国农业出版社.

农业部渔业渔政管理局，2016. 2016 中国渔业统计年鉴［M］. 北京：中国农业出版社.

农业农村部渔业渔政局，2019. 2019 中国渔业统计年鉴［M］. 北京：中国农业出版社.

朴正根，2015. 韩国渔具分类与渔具准入研究［J］. 渔业信息与战略，30（3）：212-219.

徐伟，耿龙武，姜海峰，等，2015. 浅析盐碱水域的鱼类养殖开发利用［J］. 水产学杂志，28（4）：44-47.

任日达，樊国平，卢立杰，等，2000. 低洼盐碱地渔业开发利用技术研究 [J]，齐鲁渔业 (2)：11-12

石建高，2011. 渔用网片与防污技术 [M]. 上海：东华大学出版社．

石建高，2016. 渔业装备与工程用合成纤维绳索 [M]. 北京：海洋出版社．

石建高，2017a. 捕捞渔具准入配套标准体系研究 [M]. 北京：中国农业出版社．

石建高，2017b. 捕捞与渔业工程装备用网线技术 [M]. 北京：海洋出版社．

石建高，张硕，刘福利，2019. 海水增养殖设施工程技术 [M]. 北京：海洋出版社．

石建高，2018. 绳网技术学 [M]. 北京：中国农业出版社．

石建高，孙满昌，架兵，2016. 海水抗风浪网箱工程技术 [M]. 北京：海洋出版社．

宋辅华，1986. 国内外渔具、渔具材料专业标准概况 [J]. 海洋渔业 (1)：15-19.

宋学章，王振怀，李春岭，等，2013. 沧州盐碱地水产养殖模式调研报告 [J]. 河北渔业 (11)：18-19+61.

孙满昌，2004. 渔具渔法选择性 [M]. 北京：中国农业出版社．

孙满昌，2005. 海洋渔业技术学 [M]. 北京：中国农业出版社．

孙满昌，2009. 渔具材料与工艺学 [M]. 北京：中国农业出版社．

汤振明，郭亦萍，2000. 渔及渔具材料标准化研究现状及存在问题的探讨 [J]. 现代渔业信息 (2)：14-16+31.

唐建业，2011. 国外海洋渔业准入制度的实践分析 [J]. 广东海洋大学学报，31 (2)：1-6.

唐启升，2017. 水产养殖绿色发展咨询研究报告 [M]. 北京：海洋出版社．

涂逢俊，李豹德，1990. 中国海洋渔具调查和区划 [M]. 杭州：浙江科学技术出版社．

王飞，2010. 河南沿黄盐碱地池塘健康养殖技术集成示范 [D]. 南京：南京农业大学．

王海华，黄江峰，盛银平，2005. 我国的水产标准体系与水产标准化进展情况 [J]. 江西水产科技 (3)：23-25.

王慧，2003. 盐碱水适宜养殖品种 [N]. 农民日报，3.

王辉，刘晓丽，纪雪峰，2006. 高纬度盐碱水地区大水面养殖模式探讨 [J]. 河北渔业 (4)：16+30.

王建中，1997. 产品标准编写指南 [M]. 北京：中国标准出版社．

王世贵，杜景云，王家宪，1981. 豫东黄河冲积平原盐碱水分布和化学特征 [J]. 人民黄河 (4)：40-44+71.

王树林，2004. 盐碱地区池塘养殖模式 [J]. 致富天地 (12)：33.

王玮，2009. 我国水产行业标准体系的构建 [J]. 上海海洋大学学报，18 (2)：222-226.

王喆，卢兵友，2008. 国家自然科技资源平台共享机制探讨 [M]. 北京：中国科学技术出版社．

吴燕燕，李来好，刁石强，等，2000. 水产标准化作用与发展措施 [J]. 内陆水产 (7)：43.45.

夏章英，1985. 灯光围网 [M]. 北京：农业出版社．

杨富亿，1998. 松嫩平原盐碱性湿地渔业开发途径 [J]. 资源科学 (2)：61-70.

杨富亿，李秀军，裴善文，等，1994. 松辽平原盐碱沼泽地的渔业治理模式 [J]. 地理科学，14 (3)：284-289+296.

杨富亿，李秀军，王志春，等，2004. 东北苏打盐碱地生态渔业模式研究 [J]. 中国生态农业学报，12 (4)：198-200.

杨明升，2005. 我国农业技术标准体系建设的问题分析与对策建议 [J]. 农业质量标准 (4)：11-13.

杨宁生，葛常水，欧阳海鹰，等，2003. 我国水产种质资源信息系统建设 [J]. 中国农业科技导报 (3)：47-51.

姚荣江，杨劲松，刘广明，2006. 东北地区盐碱土特征及其农业生物治理 [J]. 土壤 (3)：256-262.

曹首英，欧阳海鹰，2008. 中国水产种质资源保存共享现状与建议 [J]. 现代渔业信息，23（4）：8-11.

张本，李应济，2007. 海洋开发与管理读本 [M]. 北京：海洋出版社.

张健，金宇锋，石建高，等，2015. 对我国渔具分类标准的探讨 [J]. 海洋渔业，37（3）：270-276.

张秋华，程家骅，徐汉祥，等，2007. 东海区渔业资源及其可持续利用 [M]. 上海：复旦大学出版社.

中国农业百科全书水产业卷编辑委员会，1994. 中国农业百科全书·水产业卷 [M]. 北京：农业出版社.

中国—欧盟农业技术中心，2003. 国外农产品质量安全管理体系 [M]. 北京：中国农业科学技术出版社.

中国水产科学研究院，1999.21 世纪初我国渔业科技重点领域发展战略研究 [M]. 北京：中国农业科技出版社.

SHI J G，2018. Intelligent equipment technology for offshore cageculture [M]. Beijing：China Ocean Press.